Veröffentlichungen des Instituts
für Deutsches, Europäisches und
Gesundheitsrecht und Bioethik
der Universitäten Heidelberg und

Herausgegeben von
Görg Haverkate, Thomas Hillenkamp, Lothar Kuhlen, Adolf Laufs,
Eibe Riedel, Jochen Taupitz (Geschäftsführender Direktor)

Springer
Berlin
Heidelberg
New York
Barcelona
Hongkong
London
Mailand
Paris
Tokio

Thomas Hillenkamp
(Herausgeber)

Medizinrechtliche Probleme der Humangenetik

Springer

Reihenherausgeber:
Professor Dr. Görg Haverkate
Professor Dr. Dr. h.c. Thomas Hillenkamp
Professor Dr. Lothar Kuhlen
Professor Dr. Dr. h.c. Adolf Laufs
Professor Dr. Eibe Riedel
Professor Dr. Jochen Taupitz (Geschäftsführender Direktor)

Herausgeber:
Professor Dr. Dr. h.c. Thomas Hillenkamp
Ruprecht-Karls-Universität
Juristische Fakultät
Friedrich-Ebert-Anlage 6–10
69117 Heidelberg
Deutschland

ISBN 3-540-43842-4 Springer-Verlag Berlin Heidelberg New York

Die Deutsche Bibliothek – CIP-Einheitsaufnahme
Medizinrechtliche Probleme der Humangenetik / Hrsg.: Thomas Hillenkamp. – Berlin; Heidelberg; New York; Barcelona; Hongkong; London; Mailand; Paris; Tokio: Springer, 2002
(Veröffentlichungen des Instituts für Deutsches, Europäisches und Internationales Medizinrecht, Gesundheitsrecht und Bioethik der Universitäten Heidelberg und Mannheim; Bd. 10)
ISBN 3-540-43842-4

Springer-Verlag Berlin Heidelberg New York
ein Unternehmen der BertelsmannSpringer Science+Business Media GmbH

http://www.springer.de

Umschlaggestaltung: Erich Kirchner, Heidelberg
SPIN 10884317 64/2202-5 4 3 2 1 0 – Gedruckt auf alterungsbeständigem Papier

Vorwort

Der vorliegende Band handelt über „Medizinrechtliche Probleme der Humangenetik“. Er gibt drei Vorträge aus einer Ringvorlesung wieder, die sich aus der Perspektive der drei großen Fachrichtungen der Jurisprudenz dem Generalthema nähern. Hinzugefügt sind drei weitere Referate aus einem Symposium, das sich der Ringvorlesung anschloß und die medizinischen, philosophischen und medizinrechtlichen Aspekte der Thematik vertiefte. Begrüßung und Schlußwort machen Anlaß und Motiv des Vortrags- und Diskussionsreigens sichtbar: Adolf Laufs ist mit dem Wintersemester 2000/2001 in den Status des Emeritus getreten. Das IMGB, dessen Mitbegründer er ist und dessen unverzichtbares Mitglied er bleibt, dokumentiert mit dem Band sein Bemühen, Adolf Laufs zu ehren und ihm ein bescheidenes Zeichen der Anerkennung und des Danks stellvertretend für die große, als Hörer der Ringvorlesung versammelte und zum Symposium eindrucksvoll repräsentierte Schar all derer zu setzen, die ihm beides in hohem Maß schulden.

Heidelberg/Mannheim im Frühjahr 2002 *Thomas Hillenkamp*

Inhaltsverzeichnis

Humangenetik und die Steuerungskraft des Verfassungsrechts

Matthias Herdegen

I. Verfassungsrechtliche Parameter

Die rasante Entwicklung der modernen Bio- und Gentechnologie stellt das Recht vor stetig neue Herausforderungen. Dies gilt in besonderem Maße für humangenetische Verfahren und Entwicklungen, die ins Zentrum gesellschafts- und wissenschaftspolitischer Kontroversen geraten sind. In der Kakophonie des politischen Diskurses avancieren vor allem verfassungsrechtliche Parameter zum vermeintlich archimedischen Punkt. Dieser Kampf um die Auslegungshoheit im Verfassungsrecht zeigt das angestrengte Bemühen, das scheinbar unbegrenzte Potential der Bio- und Gentechnologie unter Rückgriff auf die überkommenen verfassungsrechtlichen Strukturen zu domestizieren.

Das Verfassungsrecht empfiehlt sich für viele Stimmen durch seine semantische Schlichtheit. Diese Schlichtheit legt eine willkommene Reduzierung von Komplexität nahe. Hinzu kommt, daß sich die besonders umstrittenen Problemfelder noch nicht im autoritativen Griff einer gefestigten Rechtsprechung oder Staatsrechtslehre befinden. In diesem Status relativer Jungfräulichkeit der Materie drängen Moraltheologen, professionelle Schützer der natürlichen Lebensgrundlagen, Wissenschaftsethiker und andere juristische Laienprediger in die Volksgemeinschaft der Verfassungsinterpreten.

Als Paradigma für ein Festhalten an vermeintlich vertrauten Strukturen des deutschen Rechts kann der mittlerweile ritualisierte Rekurs auf die Garantie der Menschenwürde gelten. Art. 1 Abs. 1 GG wird nicht nur herangezogen, um Fragen der Präimplantationsdiagnostik zu klären. Die Menschenwürde wird auch bemüht, um sich Gewißheit über die (Un-) Zulässigkeit der Gentherapie, der Forschung an Stammzellen, der Entzifferung des Humangenoms oder des Einsatzes der hierbei ermittelten Informationen zu verschaffen[1]. Diese holzschnittartige Reduzierung verschiedenster Probleme auf den Höchstwert der Verfassung wird den Anforderungen der Thematik noch nicht einmal im Ansatz gerecht. Erforderlich ist viel-

---

1 Vgl. Herdegen, Die Menschenwürde im Fluß des bioethischen Diskurses, in: JZ 2001, 773 ff.

mehr der juristische Kupferstich, der den Weg gestaffelter Schutzkonzepte geht und auch zu einer prozeßhaften Annäherung an Grundrechtspositionen bereit ist.

Von zentraler Bedeutung für eine derart gestaltete sachgerechte Problemerörterung und -lösung ist zunächst die Verortung des Verfassungsrechts im dynamischen Prozeß des technischen Fortschritts. Bislang wird der Rückgriff auf die Menschenwürde und andere fundamentale verfassungsrechtliche Verbürgungen durch ein überwiegend statisches Verständnis gekennzeichnet. Die verfestigten Konturen der Grundrechte dienen hier unbesehen als relevanter Maßstab für die vielgestaltigen Anwendungen der Bio- und Gentechnologie. Ein solches Verfassungsverständnis greift zu kurz. Verfassungsrecht ist kein statisches Korsett, sondern bildet ein Wertsystem, das im Wege einer dynamischen Konkretisierung durchaus dem wissenschaftlich-therapeutischen Fortschritt nachgeführt werden kann: Wie das Bundesverfassungsgericht schon in seiner Kalkar-Entscheidung[2] klargestellt hat, ist ein dynamischer Grundrechtsschutz auch bei der Schaffung eines gesetzlichen Ordnungsrahmens zu beachten.

Die Berufung auf angebliche verfassungsrechtliche Vorentscheidungen darf folglich nicht zum Deckmantel für gesetzgeberische Feigheit werden. Vielmehr ist der Gesetzgeber gefordert, das medizinische Potential gentechnologischer Verfahren in den Prozeß der Entscheidungsfindung einzubeziehen. Der aus der einseitigen Betonung vermeintlicher oder tatsächlicher Risiken resultierende Erlaß gesetzlicher Verbote hindert nicht nur die Entwicklung adäquater, dem aktuellen Stand von Wissenschaft und Technik entsprechender Sicherheitsstandards, sondern erweist sich auch als abträglich für die Ausforschung alternativer Prozesse. Dies gilt etwa für den sensiblen Bereich der Stammzellenforschung[3]. Der von deutscher Seite unternommene Versuch, den restriktiven Umgang mit embryonalen Stammzellen[4] unter Hinweis auf die angebliche Alternative adulter Stammzellen zu rechtfertigen, verkennt schlichtweg die Tatsache, daß sich das Potential adulter Stammzellen ohne ein hinreichendes Verständnis embryonaler Stammzellen nur mangelhaft erfassen läßt. Dies ist im übrigen auch der Grund dafür, daß von Seiten der deutschen Wissenschaft - trotz vermeintlicher rechtlicher und ethischer Bedenken - ein reges Interesse am Import embryonaler Stammzellen besteht.

Die beschriebene, an den tatsächlichen medizinischen und naturwissenschaftlichen Erfordernissen vorbeigehenden Sichtweise des Gesetzgebers zwingt faktisch zum

---

2 BVerfGE 49, 89 ff.

3 I. e.: National Bioethics Advisory Commission (Hrsg.), Ethical Issues in Human Stem Cell Research, 1999; siehe ferner die interdisziplinären Beiträge in: Perspektiven der Stammzellenforschung – Wissenschaft und Forschung im Dialog (hrsg. vom Ministerium für Schule, Wisenschaft und Forschung des Landes Nordrhein-Westfalen), 2001.

4 Hierzu jüngst: Empfehlungen der Deutschen Forschungsgemeinschaft zur Forschung mit menschlichen Stammzellen vom 3. Mai 2001.

ständigen Tabubruch. Dies zeigt etwa der Meinungsumschwung auf Seiten der Deutschen Forschungsgemeinschaft im Bereich der Stammzellenforschung[5]. Hier ist die Tabuisierung recht rasch einer erstaunlichen Relativierung der Menschenwürde gewichen. Bemerkenswert ist dabei, daß die DFG in einem radikalen Schwenk die Menschenwürde vom Podest eines obersten Verfassungswertes herunterholt und sich in eine konturenarme Abwägung mit der Wissenschaftsfreiheit flüchtet. Der absolute Schutz des Menschenwürdegehaltes von Lebenspositionen wird durch den absoluten Schutz nur noch des Kernes der Menschenwürde ersetzt. Hier tritt uns eine grundsätzliche Neugewichtung im verfassungsrechtlichen Wertgefüge entgegen. Namentlich die darin liegende Vorstellung, die wissenschaftliche Neugier dürfe unter dem Mantel der Forschungsfreiheit in die Menschenwürde bis zur Grenze des Würdekerns übergreifen, gibt Anlaß zu größter Sorge. Dieser Einwand richtet sich nicht gegen die vorgenommene Enttabuisierung als solche, sondern gegen den Rückzug auf nebulöse Abwägungsformeln.

Zwischen ethischem Anspruch einerseits und medizinischer Notwendigkeit andererseits klaffende Lücken müssen durch den Gesetzgeber in sachgerechter Weise geschlossen werden. Im Unterschied zum technischen Sicherheitsrecht verbietet sich hier jedoch das Zurückziehen auf unbestimmte Rechtsbegriffe in Form sozioökonomischer Erwägungen und ethischer Standards. Eine solche Vermischung rechtlicher und außerrechtlicher Gesichtspunkte ist nicht nur der Rechtssicherheit abträglich, sie führt auch zu einer Flucht des Gesetzgebers aus seiner Verantwortung.

II. Internationale Steuerungsparameter

Die soeben im Hinblick auf das deutsche Verfassungsrecht umrissenen Probleme verschärfen sich bei Einbeziehung der internationalen Perspektive. Die territoriale Begrenztheit nationaler Regelungen erweist sich unter zweierlei Gesichtspunkten als hinderlich. Zum einen können nationale Restriktionen auf internationaler Ebene leicht umgangen werden. Zum anderen stellt sich die Frage nach der Kollision einzelstaatlicher Beschränkungen mit internationalem Recht. So könnten manche Stimmen in den bereits angesprochenen Restriktionen des Umgangs mit Stamm-

---

5 Vgl. i. e. die DFG-Stellungnahme zum Problemkreis „Humane embryonale Stammzellen“ vom 18.3.1999, die „Empfehlungen der Deutschen Forschungsgemeinschaft zur Forschung mit menschlichen Stammzellen“ vom 3.5.2001 sowie den „Vorschlag des Präsidiums der Deutschen Forschungsgemeinschaft an den Hauptausschuß, die Entscheidung über Verwendung menschlicher embryonaler Stammzellen zu verschieben“ *(http://www.dfg.de/aktuell/stellungnahmen/dokumentation-genforschung.html [06.07.2001])*. Siehe ferner: Müller-Terpitz, Die neuen Empfehlungen der DFG zur Forschung mit menschlichen Stammzellen – Ein Weg aus dem bioethischen und verfassungsrechtlichen Dilemma ?, in: WissR 2001, 271 ff.

zellen eine Beschränkung des Handelsverkehrs nach Art. 28, 29 EGV sehen. Dieser Betrachtung läßt sich allerdings bei aus menschlichen Embryonen gewonnenen Stammzellen deren personaler Charakter entgegenhalten.

Verwerfungen ergeben sich auch im Hinblick auf das „Übereinkommen zum Schutz der Menschenrechte und der Menschenwürde im Hinblick auf die Anwendung von Biologie und Medizin: Übereinkommen über Menschenrechte und Biomedizin vom 4. April 1997“[6] des Europarates. Dieses allgemein unter dem Namen „Bioethikkonvention“ bekannte - von der Bundesrepublik indes bislang nicht ratifizierte - Übereinkommen sieht keine Restriktionen für die Vermehrung menschlicher Stammzellen vor[7]. Auch wird der Schutz von Embryonen nicht ausnahmslos, sondern lediglich „in angemessener Weise“ gefordert (vgl. Art. 18 Abs. 1 des Übereinkommens). Das sogenannte Klonprotokoll[8] zum Übereinkommen statuiert schließlich kein ausnahmsloses Verbot von Klonverfahren, sondern bezieht sich in Art. 1 Abs. 1 lediglich auf das reproduktive Klonen. Erfaßt sind damit wohl nur Verfahren, die auf die Erzeugung höherentwickelter identischer menschlicher Lebewesen gerichtet sind; einzelne Zellen oder geringere Entwicklungsstufen wären dann im Gegenzug auszuklammern[9].

Ein weiteres Beispiel für die bei einzelstaatlichen Maßnahmen zu berücksichtigenden internationalen Parameter liefert das Agreement on Trade-Related Aspects of Intellectual Property Rights (TRIPS)[10]. Das TRIPS gibt den verbindlichen Rahmen für die grundsätzlichen Fragen der Rechte des geistigen Eigentums vor. Im Hinblick auf den Patentschutz basiert das TRIPS auf dem Prinzip, daß grundsätzlich alle Erfindungen patentiert werden können. Die in Deutschland mit erheblichem Elan geführte Diskussion, ob und in welchem Umfang Patente auf biotechnologische Erfindungen erteilt werden können[11], blendet diesen Hintergrund gerne aus. Von kaum zu überschätzender praktischer Bedeutung ist das grundsätzliche Bekenntnis zum Patentschutz für biotechnologische Erfindungen unter Einschluß

---

6 ETS No. 164.

7 Hierzu ausführlich: Herdegen/Spranger, in: Herdegen (Hrsg.), Internationale Praxis Gentechnikrecht, Teil 5 I 5 Rn. 61 f.

8 Zusatzprotokoll zum Übereinkommen zum Schutz der Menschenrechte und der Menschenwürde im Hinblick auf die Anwendung von Biologie und Medizin über das Verbot des Klonens von menschlichen Lebewesen; ETS No. 168 = 36 I.L.M. 1415 [1997].

9 Herdegen/Spranger, in: Herdegen (Hrsg.), Internationale Praxis Gentechnikrecht, Teil 5 I 5 Rn. 62.

10 Übereinkommen über handelsbezogene Aspekte der Rechte des geistigen Eigentums v. 15.4.1994, ABl EG Nr. L 336 v. 23.12.1994, S. 213.

11 Siehe etwa: Herdegen, Die Erforschung des Humangenoms als Herausforderung für das Recht, in: JZ 2000, 633 (637 ff.); ders., Die Patentierbarkeit von Stammzellenverfahren nach der Richtlinie 98/44/EG, in: GRUR Int. 2000, 859 ff.

menschlicher DNA-Sequenzen, das der EG-Biopatentrichtlinie[12] von 1998 zugrunde liegt.

Von besonderem Interesse ist darüber hinaus, daß sich auch die jüngst deklarierte Charta der Grundrechte der Europäischen Union[13] in Art. 3 Abs. 2 mit Problemen der Humangenetik befaßt. Im Kontext des „Rechtes auf Unversehrtheit" wird zum einen die Einhaltung des informed consent gefordert, zum anderen werden eugenische Praktiken verboten. Ebenso soll es untersagt sein, den menschlichen Körper und Teile davon als solche zur Erzielung von Gewinnen zu nutzen – eine Bestimmung, die nur auf den ersten Blick im Konflikt zum Patentrecht steht, da sich die Vorgabe auf den Körper in situ („als solche") beschränkt. Schließlich findet sich auch ein Verbot reproduktiven Klonens.

III. Einzelne Konfliktfelder

Die bisherigen Ausführungen haben bereits die Vielgestaltigkeit des Vortragsthemas angedeutet. Im folgenden sollen einige der besonders virulenten Bereiche näher beleuchtet werden.

1. Humangenomforschung

Die Humangenomforschung ist mit der im vergangenen Jahr abgeschlossenen Entschlüsselung der menschlichen Erbinformation in das Blickfeld einer breiten Öffentlichkeit gerückt[14]. Dieses umfassende Interesse überrascht, wenn man sich die relative Bedeutung der bislang gewonnenen Erkenntnisse vergegenwärtigt. Sinnbildlich gesprochen: Entziffert wurde eine lose und scheinbar beliebige Reihenfolge einzelner Buchstaben. Von wenigen Ausnahmen abgesehen, können aus der Masse dieser Buchstaben bislang keine Wörter gebildet werden. Erst recht nicht ist es möglich, ganze Sätze oder gar das komplette Buch zu dechiffrieren. Gleichwohl ist die Entschlüsselung des Humangenoms mehr als nur eine medienwirksame Präsentation humangenetischer Forschungsergebnisse. Der Grund hierfür liegt im scheinbar grenzenlosen Anwendungspotential dieses Forschungsbereiches.

Die ökonomische Bedeutung der Humangenomforschung läßt sich kaum überschätzen. Als neue „Schlüsseltechnologie" wird der Forschung am menschlichen

---

[12] Hierzu im folgenden unter III 5.

[13] ABl. EG Nr. C 364 v. 18.12.2000, S. 1. Umfassend hierzu: Grabenwarter, Die Charta der Grundrechte für die Europäische Union, in: DVBl 2001, 1 ff.

[14] Vgl. Honnefelder/Propping (Hrsg.), Was wissen wir, wenn wir das menschliche Genom kennen ?, 2001.

Genom allgemein die Fähigkeit zugesprochen, die Wettbewerbsfähigkeit der Unternehmen und Industrienationen untereinander erheblich zu verschieben. Es ist die Rede vom industriellen Wettlauf, der sich auf die Gewinnung und Verbreitung genetischer Informationen richtet. Auch von Seiten der Europäischen Union werden in diesen Technologiezweig hohe Erwartungen im Hinblick auf die Schaffung neuer Arbeitsplätze gesetzt. Die am 14. März dieses Jahres bekanntgegebene gemeinsame Erklärung von *Bill Clinton* und *Tony Blair*[15] verdeutlicht eindrucksvoll, daß die Dimension der Thematik auch auf höchster politischer Ebene erkannt worden ist.

Ungeachtet der besonderen Probleme, die sich aus der Unterscheidung zwischen individuellem und kollektivem Genom[16] sowie im Hinblick auf die verschiedenen Sphären der Wissenserlangung und der Wissensverwertung ergeben, ist insbesondere die Frage des Zugangs zu genetischen Informationen von Interesse.

Die bislang vor allem auf verfassungsrechtlicher Ebene geführte Diskussion um die Zulässigkeit genetischer Tests im Versicherungswesen[17] rekurriert auf ein aus Art. 2 Abs. 1 iVm Art. 1 Abs. 1 GG abgeleitetes Recht des Versicherungsnehmers auf Nichtwissen. Eine Tendenz in der Rechtswissenschaft schöpft daraus Munition gegen die geforderte Preisgabe individueller genetischer Prädispositionen vermittels prädiktiver genetischer Tests vor Abschluß eines Versicherungsvertrages. Indes läßt eine solche Beschwörung der informationellen Selbstbestimmung die über Art. 12 und 14 GG verfassungsrechtlich geschützten Rechte der Versicherer auf unternehmerische Gestaltungs- und Betätigungsfreiheit ebenso außer Betracht wie schutzwürdige Anliegen der Versichertengemeinschaft[18].

Auf internationaler Ebene ist Art. 12 der Bioethikkonvention zu berücksichtigen, wonach prädiktive Tests nur zu gesundheitlichen Zwecken oder zu gesundheitsrelevanten Forschungszwecken erlaubt sein sollen. Indes erachtet Art. 26 des Übereinkommens eine Einschränkung von Art. 12 dann für zulässig, wenn „diese [...] durch die Rechtsordnung vorgesehen ist und eine Maßnahme darstellt, die [...] zum Schutz der Rechte und Freiheiten anderer notwendig ist." Ob zu diesen

---

15 „Joint Statement by President Bill Clinton and Prime Minister Tony Blair of the U.K." vom 14.3.2000.

16 Hierzu: Herdegen, Die Erforschung des Humangenoms als Herausforderung für das Recht, in: JZ 2000, 633 ff.

17 Siehe Spranger, Prädiktive genetische Tests und genetische Diskriminierung im Versicherungswesen, in: VersR 2000, 815 ff.; Taupitz, Genetische Diagnostik und Versicherungsrecht, 2000.

18 Herdegen, Die Erforschung des Humangenoms als Herausforderung für das Recht, in: JZ 2000, 633 (635 f.).

schutzwürdigen Rechtspositionen auch das Aufklärungsinteresse von Versicherungsunternehmen gehört, konnte bislang nicht abschließend geklärt werden[19].

2. Präimplantationsdiagnostik

Von erheblicher praktischer Relevanz ist die Auseinandersetzung um das Verfahren der Präimplantationsdiagnostik[20]. Die Möglichkeit, einem *in vitro* erzeugten Embryo eine oder mehrere Zellen zu entnehmen, um diese auf genetische Erkrankungen zu untersuchen, weckt aufgrund der bei nachteiliger Diagnose intendierten Selektion Assoziationen zur lange umstrittenen Reform des Abtreibungsrechts. In der Tat bestehen deutliche Parallelen, die indes nicht zu einem unbesehenen Rückgriff auf vertraute Kategorien führen dürfen.

Besonderheiten ergeben sich bereits im Hinblick auf die betroffenen Rechtssubjekte. Gesteht man dem menschlichen Embryo schon vor der Nidation originäre Rechtspersönlichkeit zu[21], so stellt sich die Frage, ob auch die entnommene Zelle Träger von Grundrechten sein kann. Dies entspricht in der Tat der Bewertung durch das Embryonenschutzgesetz. Gemäß § 8 Abs. 1 EschG gilt als Embryo auch jede einem Embryo entnommene totipotente Zelle, „die sich bei Vorliegen der dafür erforderlichen weiteren Voraussetzungen zu teilen und zu einem Individuum zu entwickeln vermag." Damit wären im Falle der PID die Positionen zweier Rechtsgutträger – nämlich der entnommenen totipotenten Zelle als auch für des „Restembryos" – in die erforderliche Abwägung einzubeziehen. Indes läßt sich das Schicksal der abgetrennten Zelle nur in Verbindung mit dem Ausgangsorganismus im Sinne einer einheitlichen Gesamtbetrachtung würdigen. Hierbei zeigt sich, daß die abgespaltene Zelle zu keinem Zeitpunkt Träger einer eigenständigen Entwicklungsperspektive ist. Vielmehr wird die Isolierung der Zelle durch den Untersuchungszweck überhaupt erst veranlaßt[22].

---

19 Vgl. Herdegen/Spranger, in: Herdegen (Hrsg.), Internationale Praxis Gentechnikrecht, Teil 5 I 5 Rn. 17.

20 Jüngst umfassend: Herdegen, Die Menschenwürde im Fluß des bioethischen Diskurses, in: JZ 2001, 773 ff. Ferner: Spranger, Verfassungsrechtliche Aspekte der Präimplantationsdiagnostik, in: ZfSH/SGB 2001, 266 ff.; Faßbender, Präimplantationsdiagnostik und Grundgesetz, in: NJW 2001, 2745 ff. Zur strafrechtlichen Dimension der Thematik: Herzog: Präimplantationsdiagnostik – im Zweifel für ein Verbot ?, in: ZRP 2001, 393 ff.

21 Mit bejahender Tendenz offen gelassen vom Bundesverfassungsgericht, BVerfGE 88, 203 (251); grundsätzlich gegen eine Erstreckung der Menschenwürde auf den Embryo m.w.Nachw. etwa Dreier, in: ders. (Hrsg.), Grundgesetz, Bd. I, 1996, Art. 1 I Rn. 49 f.

22 Herdegen, Die Menschenwürde im Fluß des bioethischen Diskurses, in: JZ 2001, 773 (777).

Bei den in die Abwägung einzustellenden Rechtsgütern handelt es sich vor allem um die Menschenwürde sowie das Recht auf Leben und körperliche Unversehrtheit. Darüber hinaus sind Berechtigungen einzubeziehen, die aus der elterlichen Position erwachsen können. Für die Menschenwürde des ungeborenen Lebens ergibt sich die Notwendigkeit eines gestuften Schutzkonzeptes. Im Ergebnis führt dies zu einer behutsamen Nuancierung des entwicklungsunabhängigen, „absoluten" Schutzes der Menschenwürde, den das Bundesverfassungsgericht dem Embryo *nach* der Nidation zuspricht[23]. Nur so läßt sich die Entscheidung für ein „Alles oder Nichts" (absoluter Schutz der Menschenwürde oder deren völlige Versagung) beim Schutz des Embryos nach Art. 1 Abs. 1 GG vor der Implantation vermeiden[24].

Indes ist die Frage nach dem Schutz der Menschenwürde bei der PID aber von geringerer Bedeutung, als es in der gegenwärtigen Diskussion den Anschein hat. Denn bei Diagnosemaßnahmen zur Aufklärung schwerwiegender Risiken (Krankheiten oder Behinderung des sich entwickelnden Embryos oder Gesundheitsrisiken für die potentielle Mutter) geht es gar nicht um Eingriffe, welche die Würde des Embryos als potentielle „Person" berühren. Im Vordergrund steht hier vielmehr der Eingriff in das grundrechtlich geschützte Lebensinteresse. Eine andere Sichtweise ließe sich auch mit der Rechtsprechung des Bundesverfassungsgerichts zur Zulassung des medizinisch oder embroypathisch indizierten Schwangerschaftsabbruches[25] nicht vereinbaren.

Das aus Art. 2 Abs. 2 Satz 1 GG resultierende Lebensrecht des Embryos ist Gegenstand staatlicher Schutzpflichten. Die Erfüllung dieser Pflicht ist hier - stärker als beim Schutz der Menschenwürde - für eine Abwägung mit widerstreitenden Belangen offen. Wohl auch aus diesem Grunde hat das Bundesverfassungsgericht das *Maß* des dem ungeborenen Leben geschuldeten (und in Art. 1 Abs. 1 GG verorteten) Schutzes aus Art. 2 Abs. 2 GG entnommen[26]. Im Hinblick auf den Umfang muß die gesetzliche Abwägung auf einen hinreichend effektiven Schutz zielen, darf also im Sinne eines *Untermaßverbotes* einen bestimmten Mindeststandard nicht unterschreiten[27]. Als Vorkehrung gegen Gefährdungen des grundrechtlich geschützten Gutes lassen sich Beschränkungen der PID dem „Grundrechtsschutz durch Verfahren" zuordnen.

---

[23] Vgl. BVerfGE 88, 203 (251).

[24] Umfassend: Herdegen, Die Menschenwürde im Fluß des bioethischen Diskurses, in: JZ 2001, 773 (776 ff.).

[25] BVerfGE 88, 203 (251 ff.).

[26] BVerfGE 88, 203 (251).

[27] BVerfGE 88, 203 (254).

Gleichermaßen genießen Leben und körperliche Unversehrtheit der Mutter Grundrechtsschutz aus Art. 2 Abs. 2 Satz 1 GG[28]. Hiervon erfaßt ist auch der Schutz vor psychischen Belastungen, die aus der Schwangerschaft erwachsen können[29]. Der Schutz der Frau vor erheblichen Gefährdungen von Leben und körperlicher Unversehrtheit wiegt so schwer, daß insoweit ein absolutes Verbot der PID nicht zu rechtfertigen wäre. Der angesonnene Verzicht auf eine Schwangerschaft ist kein angemessenes Mittel des Interessenausgleichs. Im Sinne einer verhältnismäßigen Güterabwägung muß eine PID jedenfalls insoweit erlaubt sein, als es um die Aufklärung von Gesundheitsrisiken für die potentielle Mutter geht, deren Konkretisierung aus verfassungsrechtlicher Sicht nach Nidation eine Fortsetzung der Schwangerschaft als unzumutbar erscheinen ließen. Eine Verlagerung des Lebens- und Gesundheitsschutzes der potentiellen Mutter auf das Stadium der Schwangerschaft (den Schwangerschaftsabbruch) würde auch dem gesteigerten Lebensschutz des Embryos nach Nidation zuwiderlaufen.

Das Interesse des Mannes und der Frau an der Kenntnis von Dispositionen zu schwerwiegenden Erkrankungen oder Behinderungen wird wohl im Stadium vor der Implantation von keinen gegenläufigen Interessen des Embryos aufge- oder überwogen. Dieses Erkenntnisinteresse wird noch verstärkt durch das verfassungsrechtlich anzuerkennende Interesse an einer „treuhänderischen" Abwägung der widerstreitenden Belange durch die Frau (Mutter) bei (wahrscheinlichen) Erkrankungen oder Behinderungen von Gewicht. Zu beachten ist, daß in solchen Fällen sogar *nach* der Nidation gesetzliche Beschränkungen der Diagnose (ebenso wie eine Pflicht zum Austragen der Schwangerschaft) wohl die Schwelle der Zumutbarkeit (für die Mutter) überschreiten.

Zu rechtfertigen ist ein Verbot von PID-Maßnahmen aber in all den Fällen, in denen das Risiko einer Schädigung des Embryos durch den diagnostischen Eingriff ähnlich schwer wiegt wie das genetische „Risiko", um dessen Aufklärung es geht. Dagegen kommt es nicht darauf an, ob die Wahrscheinlichkeit, daß der „Rest"-Embryo eine erforderliche Kryokonservierung nicht überlebt, geringer ist als die Wahrscheinlichkeit, daß sich das genetische „Risiko" später konkretisiert.

Ein völliges Verbot von PID-Maßnahmen unter Inanspruchnahme von totipotenten Zellen (im Sinne von § 8 Abs. 1 ESchG) läßt sich verfassungsrechtlich nicht aufrechterhalten. Dies gilt in den Fällen, in denen alternative Diagnosemöglichkeiten ähnlicher Wirksamkeit nicht zur Verfügung stehen. Soweit es nicht um die Aufklärung schwerwiegender Risiken für die potentielle Mutter oder den Embryo geht, kann der Gesetzgeber Maßnahmen der PID ohne Ausnahme verbieten. Das Interesse an einer gesteuerten Wahl des Geschlechts, an der Vermeidung schlicht „untypischer" und „unschöner" Erscheinungsmerkmale oder an der Selektion

---

28 Vgl. BVerfGE 88, 203 (254).

29 Vgl. BVerfGE 88, 203 (256).

bestimmter Fähigkeiten läßt sich hier dem Lebensschutz des Embryos nicht entgegenhalten.

3. Embryonale Stammzellen

Das lebhafte Interesse an der Forschung mit menschlichen Stammzellen gründet sich auf das immense Entwicklungspotential[30], das Stammzellen innewohnt. In besonderem Maße gilt dies für die totipotenten Stammzellen, die sich zu einem ganzen Individuum ausdifferenzieren können. Ebenfalls setzt die Wissenschaft große Erwartungen in pluripotente Stammzellen, die alle unterschiedlichen Gewebe eines Organismus hervorzubringen vermögen. Dabei werden die unterschiedlichen Differenzierungstypen von Stammzellen nicht durch scharfe, gewissermaßen irreversible Trennungslinien geschieden. Unter bestimmten Voraussetzungen lassen sich ausdifferenzierte somatische Zellen in Stammzellen zurückführen. Selbst der „Rückbau" pluripotenter Stammzellen zu totipotenten Zellen bildet eine denkbare Perspektive. Unterschiedlich beantwortet wird auch die Frage, welchen Stammzellen überhaupt Pluripotenz und welchen Totipotenz zukommt[31].

Trotz der zu erwartenden Fortschritte für die Humanmedizin ist die Durchführung von Stammzellenverfahren Gegenstand heftiger Kontroversen. Die „Produktion" von Embryonen alleine zur Stammzellenforschung bedeutet, daß menschliches Leben völlig zum Erkenntnisgewinn instrumentalisiert wird. Hierin liegt ein Verstoß gegen die Menschenwürde sowohl in ihrer subjektiven als auch in ihrer objektiven Ausprägung. Im Ergebnis wird man zur gleichen *conclusio* bei der Erzeugung von Embryonen kommen, die alleine einer Stammzellentherapie dienen soll. An dieser Bewertung ändert auch der Befund nichts, daß die Therapie jedenfalls schwerwiegender Krankheiten im Hinblick auf Art. 2 Abs. 2 Satz 1 des Grundgesetzes in der verfassungsrechtlichen Wertehierarchie einen höheren Stellenwert hat, als die Forschungsfreiheit. Der Import embryonalen Zellmaterials aus dem Ausland unterliegt dagegen einer anderen Beurteilung. Die Erzeugung solchen Materials im Ausland ist wegen der territorialen Begrenzung der Grundrechte nicht an Art. 1 Abs. 1 GG zu messen. Der Schutz der Menschenwürde zwingt auch nicht zu einem Verwertungsverbot im Sinne einer *poisonous tree*-Doktrin. Der Wissenschaftsethiker mag hier Elemente einer utilitaristischen Heuchlerei ausmachen. Aber unsere Grundrechtsordnung zwingt nicht zum Glattbügeln gewisser Verwerfungen, die sich aus den Wirkungsschranken unserer Grundrechte ergeben.

---

30 Vgl. Deutsche Forschungsgemeinschaft, Humangenomforschung – Perspektiven und Konsequenzen (hrsg. von der Senatskommission für Grundsatzfragen der Genforschung), Mitteilung 2, 2000, S. 3 ff.

31 Hierzu: Markl, Ist der Mensch ein Schaf ?, in: F.A.Z. vom 19.05.2000, S. 48.

Ein weiteres Problem liegt in der Frage, ob die „Züchtung" von Stammzellen einen Fall der Klonierung menschlichen Lebens darstellt. Sowohl Art. 3 Abs. 2 4. Spiegelstrich der Charta der Grundrechte der Europäischen Union als auch Art. 7 der UNESCO-Erklärung zum Humangenom[32] verbieten das reproduktive Klonen von Menschen. In gleicher Weise führt Art. 1 Abs. 1 des Klonprotokolls zur Bioethikkonvention aus, daß jede Intervention verboten ist, die darauf gerichtet ist, ein menschliches Lebewesen zu erzeugen, das mit einem anderen lebenden oder toten menschlichen Lebewesen genetisch identisch ist. Mit dieser Formulierung enthält Art. 1 Abs. 1 des Klonprotokolls zugleich die detaillierteste Definition reproduktiven Klonens, aus der sich die wesentlichen Parameter für eine rechtliche Bewertung der Stammzellenforschung ergeben.

Zu einer behutsamen Einschränkung des Klonierungsbegriffes kommt man dann, wenn man auf die *Finalität* des Klonierungsprozesses im Lichte des Entwicklungspotentials der vervielfachten Zellen abstellt. Eine *in vivo* befruchtete Eizelle hat regelmäßig das Potential, sich ohne weitere technische Substitution zu einem lebensfähigen Organismus zu entwickeln. Eine andere Betrachtung ist bei Stammzellen in einer Petrischale angezeigt, die sich nach dem verwendeten Verfahren in vergleichbarer Weise zu einem lebensfähigen Organismus weder entwickeln können noch entwickeln sollen.

Unproblematisch ist die Rechtslage bei Klonierungsverfahren, die lediglich auf die „Züchtung" einzelner Organe oder Gewebe zielen. Denn solche Zellkomplexe sind lediglich *Bestandteile* eines Lebewesens und stellen keine eigenständigen Lebewesen im Sinne des Klonierungsverbotes dar[33]. Dieser Befund ist von weitreichender praktischer Bedeutung. Denn danach unterliegen alle Verfahren mit pluripotenten oder organspezifischen Stammzellen[34] nach dem aktuellen Wissensstand nicht dem Klonierungsverbot. Nach gegenwärtiger Erkenntnis[35] sind solche Stammzellen nämlich nicht geeignet, einen „vollständigen Menschen" hervorzubringen. Auch Verfahren mit totipotenten Zellen, die nur der Herstellung einzelner

---

32 Siehe: Herdegen/Spranger, in: Herdegen (Hrsg.), Internationale Praxis Gentechnikrecht, Teil 5 I 6 Rn. 15.

33 Herdegen, Patenting Human Genes and other Parts of the Human Body under EC Biotechnology Directive, in: Bio-Science Law Review 2001, 102 (105).

34 Organspezifische (auch: multipotente) Stammzellen können sich nur zu Zelltypen des jeweiligen Organs entwickeln.

35 Siehe etwa: Stellungnahme „Humane embryonale Stammzellen" der DFG vom 19. März 1999; abgedruckt in: Deutsche Forschungsgemeinschaft/Senatskommission für Grundsatzfragen der Genforschung (Hrsg.), Humangenomforschung - Perspektiven und Konsequenzen, Mitteilung 2/2000, 3 (6); Markl, Ist der Mensch ein Schaf ?, in: F.A.Z. vom 19.05.2000, S. 48. Das Phänomen der „Transdeterminierung" betrifft lediglich die Potenz einiger Stammzellen, verschiedene Zelltypen ausbilden zu können; vgl. Winnacker, Stammzellen - Verheißung für die Biomedizin, in: F.A.Z. vom 29.03.2000, S. 14.

Organe, Gewebe oder Organbestandteile dienen, werden vom Klonierungsverbot des Klonprotokolls zur Bioethikkonvention nicht erfaßt. Dieser Befund ist von beachtlicher Bedeutung für die künftige Entwicklung. Denn die Stammzellenforschung ist zu einem ganz wesentlichen Teil auf die Herstellung von Bestandteilen des menschlichen Körpers gerichtet[36].

Schließlich gilt das Klonierungsverbot nur für Verfahren, die darauf abzielen, ein menschliches Lebewesen mit reproduzierter Information zu erzeugen. Hiervon ausgeschlossen sind solche Verfahren, die sich ganz allgemein auf das Klonen von (tierischen) Lebewesen beziehen und ohne weiteres auch auf das Klonen von Menschen angewendet werden können[37]. In diesem Falle zielt das Verfahren nicht final auf das Klonen von Menschen, sondern eröffnet eine derartige Applikation auf den Menschen nur als Folgemöglichkeit[38]. Nur dann, wenn das Klonen von Menschen von vornherein Gegenstand des Verfahrens ist, greift ein Klonierungsverbot ein. Das wesentlich striktere Regime des Embryonenschutzgesetzes nach herrschender Lesart ist jedenfalls verfassungsrechtlich nicht geboten.

4. Gentherapie

Rechtsfragen der somatischen Gentherapie und der Keimbahntherapie gehören mittlerweile zu den „Klassikern" unter den bio- und gentechnikrechtlichen Problemen[39]. Nichtsdestotrotz ist der Umgang mit den bestehenden Problemen keineswegs entspannt. So werden etwa die mit dem Gentransfer in somatische Zellen eröffneten Möglichkeiten therapeutischer Art durch den Hinweis auf das Risiko ungewollter Modifikationen von Keimbahnzellen bekämpft[40].

Einen erstaunlichen Vorbehalt zugunsten der natürlichen Ordnung im Sinne einer Perpetuierung genetischer Belastungen bei der Regulierung der somatischen Gentherapie enthält das Gentechnikgesetz Österreichs (§ 74). Als Voraussetzung für

---

36 Zu diesem Aspekt: Winnacker, Stammzellen - Verheißung für die Biomedizin, in: F.A.Z. vom 29.03.2000, S. 14. Vgl. ferner das Interview mit dem Biologen Austin Smith, dessen Erfindung dem eingangs angesprochenen Verfahren vor dem Europäischen Patentamt zugrundelag; F.A.Z. vom 27.05.2000, S. 43.

37 Hierzu auch: Kienle, Das Verbot des Klonens von Menschen, in: ZRP 1998, 186.

38 Diese potentielle Übertragbarkeit führt nicht zuletzt auch dazu, daß mitunter ein generelles Verbot der Klonierung gefordert wird; vgl. auch Krepper, Zur Würde der Kreatur in Gentechnik und Recht, 1998, S. 331.

39 Hierzu: Bayertz/Schmidtke/Schreiber, Somatische Gentherapie – Medizinische, ethische und juristische Aspekte, 1995.

40 Vgl. etwa Scheiber, Rechtliche Bewertung der im Zusammenhang mit der Gentherapie auftretenden Probleme, in: Bayertz/Schmidtke/Schreiber (Hrsg.), Somatische Gentherapie – Medizinische, ethische und juristische Aspekte, 1995, 251 (279).

eine somatische Gentherapie muß nämlich „nach dem Stand von Wissenschaft und Technik ausgeschlossen werden [können], daß dadurch eine Veränderung des Erbmaterials der Keimbahn erfolgt". Ist dieses Risiko nicht „völlig" auszuschließen, dann darf die somatische Gentherapie „nur bei Menschen [durchgeführt werden], die mit Sicherheit keine Nachkommen haben können". Unabhängig von der Schwere des Leidens muß sich also der Patient gegebenenfalls zuerst sterilisieren lassen, um gentherapeutisch behandelt werden zu können. Der Bestandsschutz auch noch so nachteiliger Erbanlagen wird hier selbst über vitale Therapieinteressen des Einzelnen gestellt. Erhebliche Einwände lassen sich auch gegen das Verbot von therapeutischen Manipulationen unter finalem Eingriff in die Keimbahn erheben, das die Bioethikkonvention des Europarates in Art. 13 aufstellt.

5. Patentfragen

Erst die mit der Erteilung von Patenten einhergehende rechtliche Absicherung stellt für die forschenden Unternehmen den entscheidenden Anreiz für die Entwicklung beispielsweise neuer medizinischer Wirkstoffe dar[41]. Wenn man sich vergegenwärtigt, daß die Entwicklung eines einzigen Medikaments bis zur Marktreife oft mehrere hundert Millionen Euro kostet, so wird deutlich, daß nur das mit einem Patent einhergehende Recht des Erfinders, die Erfindung alleine zu nutzen und Dritten deren Anwendung zu industriellen und gewerblichen Zwecken zu untersagen einen derartigen Einsatz finanzieller Mittel lohnend erscheinen läßt. Der Frage nach dem hinreichenden Schutz biotechnologischer Erfindungen wird aus diesem Grund durch die Europäische Union fundamentale Bedeutung für die industrielle Entwicklung der gesamten Gemeinschaft beigemessen.

Wesentliche neue Impulse hat dem Aspekt der Patentierbarkeit die EG-Biotechnikrichtlinie[42] gegeben. Bislang bestanden und bestehen in den Rechtsvorschriften und Praktiken der Mitgliedstaaten nicht unerhebliche Differenzen, welche zu Handelsschranken führen und sich so als abträglich für das Funktionieren des Binnenmarktes erweisen könnten[43]. Mit der EG-Biotechnikrichtlinie wird nun der nachhaltige Versuch unternommen, mit einem höheren Maß an Rechtssicherheit die notwendigen Investitionen in Forschung und Entwicklung zu ermöglichen, damit die in diesen Wirtschaftszweig gesetzten Erwartungen vor allem in bezug auf neue Arbeitsplätze erfüllt werden können.

---

41 Grubb, Patents for Chemicals, Pharmaceuticals and Biotechnology, 3. Aufl. 1999, S. 14.

42 ABl. EG Nr. L 213 v. 30.7.1998, S. 13. Hierzu auch: Herdegen, Patenting Human Genes and other Parts of the Human Body under EC Biotechnology Directive, in: BioScience Law Review 2001, 102 ff.

43 Nr. 5 der Begründungserwägungen zur Biotechnikrichtlinie. Siehe zur Gefahr einer weitergehenden Differenzierung: Nr. 6 und 7 der Begründungserwägungen.

Begrüßenswert ist insbesondere die bereits angesprochene Klarstellung, daß auch biotechnologische Verfahren den überkommenen Voraussetzungen der Patentierbarkeit von Erfindungen unterfallen[44]. Gleichwohl bedient sich die Richtlinie - infolge einer fast zehnjährigen Kompromißsuche der Mitgliedstaaten - nicht immer einer deutlichen Sprache. Ungenauigkeiten ergeben sich insbesondere im Hinblick auf die Patentierungsverbote bei Verfahren zum Klonen von menschlichen Lebewesen (Art. 6 Abs. 2 lit. a) sowie bei der Verwendung von menschlichen Embryonen zu industriellen oder kommerziellen Zwecken (Art. 6 Abs. 2 lit c).

Die hier erforderliche Konkretisierungsarbeit muß von den Mitgliedstaaten als Gestaltungsaufgabe des nationalen Gesetzgebers verstanden werden. Die erforderliche Rechtssicherheit muß insoweit durch möglichst konturenscharfe Umsetzungsbestimmungen gewährleistet werden. Der in Deutschland gegenwärtig ventilierte Regierungsentwurf[45] weist leider in eine gänzlich andere Richtung. Durch eine weitgehend wortgleiche Kopie betätigt sich der deutsche Gesetzgeber hier als bloßes Echo des Gemeinschaftsgesetzgebers[46]. Unklarheit stiftet auch die Begründungserwägung zum Regierungsentwurf im Hinblick auf die suggerierte Begrenzung von Stoffpatenten auf die in der Patentanmeldung konkretisierte Verwendung.[47]

IV. Schlußbemerkung

Die Überlagerung des Verfassungsrechts durch völker- und europarechtliche Direktiven, sowie die territorialen Schranken der Grundrechtswirkungen zwingen bei der Steuerungskraft des deutschen Verfassungsrechts zu einer nüchternen Bilanz. In Deutschland widmet sich der juristische Diskurs mit Leidenschaft manchen Fragen, die im internationalen Kontext längst einer normativen Lösung zugeführt sind. In anderen Fragen resultiert aus den verfassungsrechtlichen Vorgaben ein Handlungsauftrag an den parlamentarischen Gesetzgeber, die ihm übertragene Gestaltungsaufgabe in politischer Verantwortung wahrzunehmen.

---

44 Zur aktuellen Diskussion etwa: Dörries, Patentansprüche auf DNA-Sequenzen: ein Hindernis für die Forschung ? Anmerkungen zum Regierungsentwurf für ein Gesetz zur Umsetzung der Richtlinie 98/44/EG, in: Mitt. Pat. 2001, 15 ff.; Feuerlein, Patentrechtliche Probleme der Biotechnologie, in: GRUR 2001, 561 ff.; Schrell, Funktionsgebundener Stoffschutz für biotechnologische Erfindungen ?, in: GRUR 2001, 782 ff.

45 Hierzu auch: o.V., Kein „Patent auf Leben", in: DRiZ 2001, 186 ff.

46 Kritisch hierzu: Herdegen, Die Patentierbarkeit von Stammzellenverfahren nach der Richtlinie 98/44/EG, in: GRUR Int. 2000, 859 (863).

47 BT-Drucks. 14/5642, S. 11.

Im übrigen besteht jedoch kein Anlaß, das dem Recht innewohnende Potential zur adäquaten Einhegung der mit den Entwicklungen der modernen Bio- und Gentechnologie einhergehenden Problemkonstellationen in Zweifel zu ziehen. Der von Seiten der Wissenschaftsethik gerne vermittelte Eindruck, daß die Auseinandersetzung um die zentralen Lebensfragen - so etwa bei „Patenten auf Leben" – aufgrund ihrer herausragenden Bedeutung für die menschliche Entwicklung nicht alleine der Staatsrechtslehre überantwortet werden könne, geht insoweit fehl. Vielmehr drängt der Anspruch der Wissenschaftsethik auch gegenüber der Verfassungsrechtslehre zur Frage nach der methodischen Leistungskraft der Wissenschaftsethik als wissenschaftlicher Disziplin. Diese Frage sollte nicht nur die Staatsrechtslehre, sondern die Rechtswissenschaft insgesamt in aller Offenheit angehen.

Zivilrechtliche Aspekte der Humangenetik

Bernd-Rüdiger Kern

I. Einleitung

Meine Themenwahl ist möglicherweise geeignet, Verwunderung hervorzurufen, Verwunderung insoweit, als ich über zivilrechtliche Aspekte sprechen werde, unterläßt doch ansonsten das Fach Medizinrecht keine Anstrengung, die Grenzen der juristischen Teildisziplinen zu überwinden. Und in der Tat sind viele medizinrechtliche Fragen nicht unter Beschränkung auf eines der klassischen juristischen Fächer zu beantworten. Lassen Sie mich das am Beispiel der Aufklärungspflicht erläutern. Die ärztliche Aufklärungspflicht als solche ist weder öffentlich-, noch straf- noch zivilrechtlich zu begründen[1]. Vielmehr fließen Vorgaben aller drei Gebiete in die Selbstbestimmungsaufklärung ein. Anders sieht es allerdings auf der Rechtsfolgenseite aus. Dort lassen sich zivil-, straf- und öffentlich- (berufs) rechtliche Folgen in der Regel sauber voneinander trennen. Diese Unterscheidung hat meine Themenwahl bestimmt.

Unter Humangenetik verstehe ich das "Fachgebiet der Medizin u. Genetik, das sich mit der Vererbung genetischer Merkmale beim Menschen, den Ursachen genetischer Krankheiten u. deren Vermeidung bzw. Behandlung befaßt"[2]. In meinem Vortrag werde ich mich, bedingt durch das Thema (zivilrechtliche Aspekte), auf die angewandte Humangenetik beschränken. Dabei bleibt die Fortpflanzungsmedizin weitestgehend ausgeblendet. Auch wenn Fortpflanzungsmedizin und Humangenetik gewisse Gemeinsamkeiten aufweisen, so müssen doch die Rechtsfragen der artifiziellen Reproduktion von denen der Humangenetik im engeren Sinne[3] unterschieden werden[4].

---

1 Kern/Laufs, Die ärztliche Aufklärungspflicht, 1983, S. 7 - 10.

2 Pschyrembel, Klinisches Wörterbuch, 258. Aufl. 1998, S. 700.

3 "Unter den Begriff der Humangenetik im weiteren Sinne fallen die Verfahren der Reproduktionsbiologie: die extrakorporale Befruchtung oder In-vitro-Fertilisation mit homologem und heterologem Embryotransfer in verschiedenen Spielarten, weiter die Forschung an Embryonen, die Kryokonservierung (Tiefgefrierung), das Klonen (die künstliche Produktion genetisch identischer Zwillinge oder Mehrlinge) sowie die Erzeugung von Chimären und Hybridwesen. Zur Humangenetik gehört ferner die Methode der Genomanalyse: der Nachweis einzelner Erbmerkmale des Menschen, erblicher Leiden und Dispositionen. Schließlich zählen dazu die Verfahren der

Demzufolge werde ich meine Ausführungen auf die folgenden drei bis vier Problembereiche konzentrieren:

1. Pränatale Diagnostik
2. Genetische Beratung
3. Genomanalyse
4. Gentherapie

Zur Präimplantationsdiagnostik möchte ich nur eine knappe Anmerkung machen, weil sie - als noch nicht angewandt - von meinem Thema nicht umfaßt ist. Alle Gesichtspunkte, die gegen die PID sprechen, sprechen auch gegen die pränatale Diagnostik. Wenn letztere zulässig ist, wird sich erstere schwer ablehnen lassen. Wer hier den Dammbruch verhindern will, muß wesentlich früher ansetzen, nämlich bei der Zulässigkeit des Schwangerschaftsabbruchs. Diese Erkenntnis scheint sich erfreulicherweise auch in Kreisen durchzusetzen, die bisher den Schwangerschaftsabbruch stark favorisiert haben.

II. Gemeinsame Regeln

Die vielfältigen Felder der Humangenetik lassen sich in juristischer Hinsicht auf einige Grundaussagen reduzieren, die die folgenden Ausführungen strukturieren werden:

1. Ist die geplante Maßnahme überhaupt zulässig?
2. Ist die zulässige Maßnahme indiziert?
3. Ist die zulässige, indizierte Maßnahme von der Zustimmung des oder der Betroffenen gedeckt?
4. Ist die Maßnahme nach Einwilligung fachgerecht durchgeführt worden?

Diese Fragen unterteilen sich gegebenenfalls weiter; z. B. kann die geplante Maßnahme unzulässig sein, weil sie gegen ein Gesetz oder gegen Standesrecht verstößt oder auch nur unethisch ist. Welche Bedeutung kommt in diesem Zusammenhang der sogenannten Bioethik-Konvention des Europarates zu? Wer muß einwilligen, nur der direkt Betroffene oder auch sein Ehepartner, oder der Vater des ungeborenen Kindes? Diesen und noch anderen Fragen - etwa die der juristischen Behandlung im Schadensersatzprozeß - soll im weiteren nachgegangen werden.

Gentherapie, nämlich die Behandlung einzelner monogener Erbleiden durch Gentransfer in somatische Zellen nach Art der Organtransplantation und - ungleich problematischer und beim Menschen noch nicht möglich - in Keimbahnzellen." (Laufs, in: Laufs/Uhlenbruck, Handbuch des Arztrechts, 2. Aufl. 1999, § 129 Rdnr. 2.).

[4] Laufs, in: Laufs/Uhlenbruck, § 129 Rdnr. 2.

III. Pränatale Diagnostik und genetische Beratung

1. Einführung

Unter pränataler Diagnostik werden Untersuchungen zur Früherkennung von Entwicklungsstörungen und genetischen Schäden des ungeborenen Kindes verstanden[5]. Genetische Beratung ist ein "Beratungsprozeß zw. Eltern u. Arzt mit dem Ziel, den Eltern eine individuelle Hilfe bei der Entscheidung zu bieten, bei einem Risiko für ein erwünschtes Kind entw. auf eigene Kinder zu verzichten (ggf. eine heterologe Insemination vornehmen zu lassen bzw. ein Kind zu adoptieren) od. das Risiko zu akzeptieren"[6].

Beide Bereiche sind tatsächlich und juristisch so eng miteinander verbunden, daß sie nur schwer getrennt werden können. Die präkonzeptionelle wie die pränatale genetische Diagnostik müssen immer in eine vorausgehende wie eine nachfolgende genetische Beratung eingebettet bleiben. Dabei ergeben sich vier Ebenen[7]:

1. Ein Paar wünscht eine genetische Beratung (einschließlich einer präkonzeptionellen Diagnostik = Genomanalyse) zur Familienplanung, ohne daß eine aktuelle Schwangerschaft vorliegt.
2. Der Arzt informiert gefragt oder spontan die Schwangere über die Möglichkeiten der pränatalen Diagnostik.
3. Nach Aufklärung und Einwilligung wird die pränatale Diagnostik durchgeführt.
4. Nach der Durchführung der pränatalen Diagnostik muß die Beratung über die zu ergreifenden Maßnahmen erfolgen.

2. Genetische Beratung im Vorfeld einer Schwangerschaft

Dabei handelt es sich, wie eingangs beschrieben, um einen Beratungsprozeß zwischen potentiellen Eltern und Arzt mit dem Ziel, dem Paar eine individuelle Hilfe für die Entscheidung zu bieten, bei einem genetischen Risiko für ein erwünschtes Kind entweder auf eigene Kinder zu verzichten oder das Risiko zu akzeptieren. Im Rahmen dieses Beratungsgespräches hat der Arzt auf die Möglichkeit einer heterologen Insemination oder einer Adoption hinzuweisen. Die

---

5 Duden, Das Große Fremdwörterbuch, 1994, S. 1104 ; vgl. dazu im einzelnen Pschyrembel, S. 1287.

6 Pschyrembel, S. 186.

7 Dewald/Cierpka (Keine Pränataldiagnostik ohne umfassende Beratung, DÄBl. 2001, S. A825f., A826) nennen noch zusätzlich die Beratung nach einem Schwangerschaftsabbruch. Dabei handelt es sich aber nicht um genetische, sondern um psychosoziale Beratung.

Information durch den Arzt muß die künftigen Möglichkeiten und Alternativen vorausschauend umfassen. Die Ratsuchenden dürfen nicht in überraschende Konfliktsituationen geraten[8].

Diese genetische Beratung ist - im Sinne der Indiziertheit - nur zulässig, wenn es Anhaltspunkte für die Gefahr einer genetischen Krankheit der Nachkommenschaft gibt[9], wenn etwa schwerwiegende familiäre genetische Belastungen oder äußere Einflußfaktoren ein erhöhtes genetisches Risiko befürchten lassen[10]. Der Arzt hat nicht die Aufgabe, ohne Anhaltspunkte nach genetischen Defekten zu suchen. Das belastete die Solidargemeinschaft der Versicherten über Gebühr und wäre zugleich auch als Übermaß genetischer Diagnostik anzusehen. Ein Indikationenkatalog ist nicht erstrebenswert, weil er zum einen den Druck auf die Eltern verstärken könnte, auf ein Kind zu verzichten, und zum anderen dem Arzt weithin die Möglichkeit nähme, individuelle Bewandtnisse gebührend zu berücksichtigen. Nach jeder Diagnostik ist das Ergebnis mit den Ratsuchenden eingehend zu erörtern[11].

Die genetische Beratung ist vom Arzt sorgfältig durchzuführen. Daran hat es in den bekannten Entscheidungen des BGH[12] und des BVerfG[13] nach Ansicht der Richter gefehlt, weil die Ärzte des Tübinger Instituts für Humangenetik die Ursache der gesundheitlichen Beeinträchtigungen beim erstgeborenen Kind nicht richtig gewichtet hatten. Zum Zeitpunkt der Beratung war die Frage, ob die Behinderung des ersten Kindes auf eine pränatale Schädigung oder eine genetische Anlage zurückzuführen war, noch offen. In dieser Situation durften die Ärzte nicht - wie geschehen - eine ungesicherte Diagnose stellen, sondern hätten die weitere Entwicklung des erstgeborenen Kindes beobachten und mit einer Risikoaussage für eine erneute Schwangerschaft warten müssen. Nachdem ein zweites behindertes Kind zur Welt kam, verurteilte der BGH den beratenden Arzt zur Zahlung von Schadensersatz in Höhe des vollen Unterhaltsbedarfs des Kindes.

Anzumerken bleibt, daß eine genetische Beratung auch unabhängig von einem Kinderwunsch erfolgen kann. Für eine derartige Beratung gelten grundsätzlich keine anderen Regeln[14].

---

8 Laufs, Fortpflanzungsmedizin und Arztrecht, 1992, S. 93.

9 Laufs, Fortpflanzungsmedizin, S. 93.

10 Abschlußbericht der Bund-Länder-Arbeitsgruppe "Genomanalyse", Drucksache 10/4019 des Landtags von Baden-Württemberg, S. 8, 53.

11 Laufs, Fortpflanzungsmedizin, S. 93.

12 BGH, MedR 1994, 441 = FamRZ 1994, 364.

13 BVerfG, MedR 1998, 176.

14 Vgl. unten Pkt. IV.

Ablauf und Voraussetzungen des Beratungsgespräches ergeben sich aus den Leitlinien des Berufsverbandes Medizinische Genetik aus dem Jahre 1996: "Die Genetische Beratung soll einem Einzelnen oder einer Familie helfen, medizinisch-genetische Fakten zu verstehen, Entscheidungsalternativen zu bedenken und individuell angemessene Verhaltensweisen zu wählen." Die Inanspruchnahme genetischer Beratung erfolgt freiwillig (Nr. 2). Auf der Grundlage einer schriftlichen Information soll ein Beratungsgespräch stattfinden, das mindestens eine halbe Stunde dauert (Nr. 4). Untersagt ist die "aktive" Beratung, d. h. "die Kontaktaufnahme durch den Berater mit nicht unmittelbar ratsuchenden Familienangehörigen ohne deren ausdrücklichen Wunsch" (Nr. 6).

3. Information über die Möglichkeiten der pränatalen Diagnostik

Forensisch von größter Bedeutung ist die Beratung der Schwangeren über Möglichkeiten der Früherkennung von Schädigungen der Leibesfrucht (pränatale Diagnostik). Zahlreiche Urteile sind zu diesem Fragenkomplex schon ergangen[15]. In der Rechtsprechung wird diese Beratung als Rechtspflicht nicht in Frage gestellt, obwohl es ethisch durchaus schwere Bedenken dagegen gibt, weil es sich um Diagnostik ohne therapeutische Konsequenzen handelt. Das Ziel dieser Beratung ist letztlich im Moment noch die Eröffnung der Möglichkeit eines Schwangerschaftsabbruchs: "Pränatale Diagnostik ist, solange mangels Fetaltherapie das Dilemma des Wissens und Nichthelfenkönnens besteht, ein Test auf Leben und Tod des Föten."[16] Schon das wird in der ethischen Diskussion als nicht unbedenklich angesehen, weil dadurch die Behinderung als Lebensbeendigungsgrund anerkannt wird. Auch wird die Sorge artikuliert, aus dem negativen Ergebnis der pränatalen Diagnostik könne eine Zwangslage für die Eltern entstehen, ihr Kind abtreiben zu lassen[17]. In dem Maße, in dem Fetaltherapien zur Verfügung stehen werden[18], verlieren diese Argumente an Gewicht.

---

15 BGH, MedR 1985, 91; LG Dortmund, MedR 1985, 95 (L); LG Lübeck, NJW 1985, 2197; BGH, NJW 1987, 2923; OLG München, VersR 1988, 523; OLG Düsseldorf, NJW 1989, 1548; OLG Köln, VersR 1989, 631 (L); OLG Stuttgart, VersR 1991, 229; OLG München, MedR 1999, 466. Vgl. dazu auch Pahmeier, Die Geburt eines Kindes als Quelle eines Schadens, 1997, S. 8ff.; und Gaisbauer, Zur ärztlichen Beratungs- und Aufklärungspflicht hinsichtlich der Amniozentese, Anm. zu OLG Stuttgart, VersR 1991, 229, VersR 1991, S. 979f.

16 Hepp, Zur Position des Gynäkologen im Wandel der Schwangerschafts- und Geburtsmedizin, in: Krone, Bamberger Symposion. 16. bis 18. März 1990. Die Entwicklung der Geburtshilfe in den vergangenen 30 Jahren. Kritische Bilanz und Zukunftsperspektiven, 1990, S. 64, 67. 90 % der Föten, bei denen eine Erbkrankheit festgestellt wird, werden abgetrieben.

17 Giesen, Internationale Maßstäbe für die Zulässigkeit medizinischer Heil- und Forschungseingriffe - das Vorhaben einer europäischen Bioethik-Konvention, MedR

Die Frage, die die Gerichte indessen hauptsächlich beschäftigt, ist die, welche medizinischen oder sonstigen Voraussetzungen eine Information der Schwangeren über die Möglichkeiten der pränatalen Diagnostik nötig machen. Dazu zählen etwa der bisherige Verlauf der Schwangerschaft, das Alter der Schwangeren, erbliche Vorbelastung, Auffälligkeiten im Ultraschall[19] usw. Die Standards dafür legen die Frauenärzte fest. Diese Information muß so früh wie möglich erfolgen. Ist indessen die Information der Schwangeren medizinisch nicht angezeigt, muß ein Gynäkologe nicht ungefragt, spontan, von sich aus auf derartige Diagnosemöglichkeiten hinweisen[20].

4. Die pränatale Diagnostik

Pränatale Diagnosemaßnahmen, wie etwa die Amniozentese, müssen indiziert sein. Eine strenge Indikation kann damit nicht gemeint sein. Vielmehr reicht es aus, daß die Untersuchung angezeigt ist. Bei einer 20jährigen gesunden Schwangeren, ohne irgendwelche Auffälligkeiten, ist dies nicht der Fall. Der Arzt darf nicht vorschnell dem Drängen der Schwangeren nachgeben und einen solchen Eingriff durchführen[21]. Darüber hinaus bleibt insoweit das Bedenken, daß es an einer strengen Indikation fehlt, und es sich demzufolge nicht um einen Heileingriff handelt.

Zusätzlich stellt sich die Frage, ob es von Bedeutung ist, wie sich die Schwangere im Falle eines für sie negativen Ergebnisses verhalten wird. Kommt für sie dann ein Abbruch nicht in Frage, so fehlt es eigentlich ganz und gar an einer Indikation. Dennoch habe ich jüngst von einem hochkarätig besetzten Gynäkologengremium einhellig gehört, sie würden auch unter diesen Umständen die Amniozentese durchführen, um der Schwangeren die Ungewißheit zu ersparen. Das halte ich für einen Einstieg in die ethisch höchst bedenkliche pränatale Gefälligkeitsdiagnostik[22].

Das Fehlen einer strengen Indikation hat u. a. zur Folge, daß die Anforderungen an Aufklärung und Einwilligung sehr hoch sind. Die Schwangere muß genau

---

1995, S. 353 - 359, 358; Laufs, Pränatale Diagnostik und Lebensschutz aus arztrechtlicher Sicht, MedR 1990, S. 231 - 237, 232; vgl. dazu auch Welskop-Deffaa, Vor der Geburt getestet, FAZ v. 6. 4. 1999, S. 12.

18 Jüngst ist eine derartige Therapie erstmals erfolgreich durchgeführt worden; R. W., Fetale Zellen für Ungeborene, FAZ v. 13. 6. 2001, S. N 2.

19 OLG München, MedR 1999, 466.

20 OLG Karlsruhe, VersR 1993, 705, 706.

21 Vgl. dazu Laufs, Die Entwicklung des Arztrechts 1984/85, NJW 1985, S. 1361 - 1367, 1364f.; und ders., Fortpflanzungsmedizin, S. 90 - 108.

22 Vgl. dazu auch Laufs, Fortpflanzungsmedizin, S. 101.

darüber informiert werden, wozu ihr Fruchtwasser, Blut oder andere Substanzen abgenommen werden. Auch das Risiko des Eingriffs ist ihr sehr deutlich vor Augen zu führen. Da dieses Risiko insbesondere der Leibesfrucht droht, müßte eigentlich die Frage entschieden werden, ob die werdende Mutter über die Rechtsgutgefährdung allein entscheiden darf, oder ob der werdende Vater in diesen Prozeß miteinzubeziehen ist[23]. Ihm müßte zumindest ein Vetorecht zustehen[24]; hingegen darf er eine solche Maßnahme nicht gegen den Willen der Mutter durchsetzen[25]. Derartige Fragen werden indessen in Deutschland kaum diskutiert und bestimmen nicht das juristische Procedere. Eine deutliche Entschärfung in dieser Frage kann in Zukunft dadurch eintreten, dass für den Fötus weniger gefährliche Verfahren (Untersuchung des mütterlichen Blutes) entwickelt werden[25a].

Daß schlußendlich die Maßnahme sorgfältig durchgeführt werden muß, bedarf keines weiteren Hinweises.

5. Die genetische Beratung[26]

Der pränatalen Diagnostik hat bei entsprechendem Ergebnis ein Beratungsgespräch zu folgen. In diesem Gespräch sind den Eltern der Befund, dessen Ursachen sowie die Möglichkeiten (Abbruch oder vorgeburtliche Therapie) und Risiken aufzuzeigen, die sich aus dem Schwangerschaftsabbruch, der Behandlung oder dem Behalten des unbehandelten Kindes ergeben[27]. Praktisch besonders schwierig dürfte das Gespräch über eher kleine Mißbildungen sein (Hasenscharte usw.), weil der Arzt gehalten ist, sich - als "Anwalt" auch des Feten[28] - für das Leben des Kindes einzusetzen[29].

---

23 Vgl. dazu Kapp, Der Fötus als Patient?, MedR 1986, S. 275 - 280, 279.

24 Vgl. dazu Kern, Fremdbestimmung bei der Einwilligung in ärztliche Eingriffe, NJW 1994, S. 753 - 759, 754.

25 So auch Ulsenheimer, in: Laufs/Uhlenbruck, § 143 Rdnr. 21: Der Arzt darf "nicht gegen oder ohne den wirklichen bzw. mutmaßlichen Willen der Schwangeren Zwangsmaßnahmen zur Rettung des Embryos vornehmen, selbst wenn ihre Weigerung zur Gefährdung des eigenen Lebens und zum Absterben der Frucht führt". Anderes gilt wohl in den USA, wo Gerichte eine vorzeitige Entbindung im Interesse des Feten gegen den Willen der Mutter bestimmen können. Insoweit undeutlich: Behrends, FAZ, 3. 3. 1993, Nr. 52, S. N 4. Vgl. dazu auch Kapp, S. 277.

25a Vgl. dazu mls, Blut zur pränatalen Diagnose, FAZ v. 30.5.2001, S. N1.

26 BGH, FamRZ 1994, 364.

27 Dazu detailliert: Bundesärztekammer, Erklärung zum Schwangerschaftsabbruch nach Pränataldiagnostik, MedR 1999, S. 31 - 33, 32f.

28 Laufs, Pränatale Diagnostik, S. 232.

29 Vgl. dazu Laufs, Fortpflanzungsmedizin, S. 98, 100.

6. Juristische Einordnung

Ich habe bisher in diesem Zusammenhang konsequent den Begriff "Aufklärung" vermieden, oder nicht ganz konsequent, denn an einer Stelle habe ich ihn doch verwendet. Ist das Zufall, oder hat das etwas zu bedeuten? Die Frage so zu stellen, heißt, sie beantworten. Von Aufklärung - oder genauer gesagt "Selbstbestimmungsaufklärung" - spreche ich, wenn es um die Vermittlung des Wissens geht, das ein Patient braucht, um in einen Eingriff einzuwilligen. Beratung verwende ich in dem Sinne, daß sie keinen konkreten Eingriff vorbereitet, sondern allgemein Entscheidungsgrundlagen vermitteln soll.

Nun fragen Sie sich vielleicht, was diese Wortspielerei hier soll, aber es ist mehr als eine Wortspielerei. Juristisch werden die Fälle der Beratung von denen der Selbstbestimmungsaufklärung deutlich unterschieden, auch und insbesondere in den Rechtsfolgen. Die Beratung wird als Teil der Behandlung angesehen. Wird sie fehlerhaft durchgeführt oder gar unterlassen, so stellt dieses Versäumnis "nicht einen Verstoß gegen die ärztliche Aufklärungspflicht (Selbstbestimmungsaufklärung, d. Verf.), sondern einen selbständigen Behandlungsfehler dar"[30], für den der Arzt im Schadensfall zivilrechtlich einstehen muß. Ihren Charakter als Arztfehler behält die Beratungspflichtverletzung in allen Konsequenzen. So hat der Patient den Beweis für die nicht erfolgte Beratung zu erbringen; er trägt im Falle der Nichtaufklärbarkeit das Beweisrisiko[31]. Darüber hinaus hat der Beratene auch den Beweis zu führen, daß er sich bei vollständiger Information der Beratung gemäß verhalten hätte[32], daß also etwa Eltern im Falle der genetischen Beratung auf die Erfüllung ihres Kinderwunsches bei umfassender und korrekter Information über bestehende erbliche Belastungen verzichtet hätten[33].

IV. Genomanalyse

1. Begriff

Die Genomanalyse (Genom, im weiteren Sinne: Gesamtheit der Gene eines Individuums) dient dem Nachweis einzelner Erbmerkmale des Menschen, seiner

---

30 Laufs, in: Laufs/Uhlenbruck, § 67 Rdnr. 1.

31 Vgl. dazu ergänzend OLG Köln, NJW 1994, 3016 (L): "Der Grundsatz, es solle im Zweifel dem Arzt geglaubt werden, daß die behauptete Aufklärung in der im Einzelfall gebotenen Weise geschehen ist (...), gilt unbeschadet der dem Geschädigten obliegenden Beweislast auch für den Fall einer angeblich unzureichenden therapeutischen Aufklärung."

32 BGH, NJW 1981, 2002, 2004.

33 Vgl. dazu die Formulierung von Reiling in der Problemstellung zu BGH, MedR 1994, 441, 442.

erblichen Leiden und Dispositionen. Die Genomanalyse kann zu unterschiedlichen Zwecken eingesetzt werden, im Zivilprozeß zur Feststellung von Verwandtschaftsverhältnissen, im Strafverfahren zur Feststellung von Tatsachen bei dem Beschuldigten, die für das Verfahren von Bedeutung sind (sogenannter genetischer Fingerabdruck), ferner zu medizinischen und Forschungszwecken sowie im Arbeitsrecht und zu Versicherungszwecken, gegebenenfalls auch als Mittel zur Auswahl von Bewerbern für Schulen und Universitäten[34].

2. Rechtliche Zulässigkeit

Die rechtliche Zulässigkeit für die Genomanalyse aus den erstgenannten Gründen ergibt sich aus den §§ 372a ZPO[35] und 81a StPO[36]. Beide Vorschriften erlauben den Eingriff auch ohne Einwilligung des Betroffenen, "wenn kein Nachteil für seine Gesundheit zu befürchten ist". Zwar ist in jedem Einzelfall das Recht auf informationelle Selbstbestimmung hinreichend zu berücksichtigen[37], gegen die Anordnung der Entnahme von Körperzellen und deren molekulargenetischer Untersuchung ist indessen keine Beschwerde nach § 304 V StPO zulässig[37a].

Für die Genomanalyse aus den anderen genannten Gründen gibt es keine gesetzliche Grundlage. Für derartige Gentests gelten vielmehr die allgemeinen Voraussetzungen für medizinische Eingriffe[38], d. h. sie sind beim Vorliegen von Indikation und Einwilligung zulässig. Hier beginnen freilich schon die Schwierigkeiten, weil die Indikation schwer oder kaum zu bestimmen ist. Sie kann sich wohl letztlich nur aus dem Zweck der Genanalyse herleiten. Nicht unberücksichtigt bleiben darf insoweit der vergleichbar niedrige wissenschaftliche Erkenntnisstand der Humangenetik, die erst am Anfang ihrer Erkenntnis steht (Bartram). Ethische Gesichtspunkte fließen unter dem Schlagwort der "genetischen Diskriminierung" mit ein. Auch wird der Eingriff in das Persönlichkeitsrecht als so tiefgreifend angesehen, daß genetische Daten für eine Weitergabe an eine "profitorientierte Branche, wie das Versicherungsgewerbe zu sensibel" seien[39].

---

34 Bericht des Europarates über den Schutz des menschlichen Genoms vom 6. 12. 2000, II § 16 Abs. 3.

35 BGH, NJW 1991, 749; BGH, NJW 1991, 2961.

36 BGH, NJW 1990, 2944. § 81e StPO nennt die weiteren Voraussetzungen, aber auch die Grenzen der Zulässigkeit. Vgl. dazu auch LG Freiburg, NJW 2001, 3720; und LG Hamburg, NJW 2001, 3721 (L).

37 BVerfG, NJW 2001, 2320.

37a BGH, NJW 2002, 765

38 Giesen, S. 357.

39 Robin Simpson, zitiert nach Schnitzler, Gentest hin oder her damit, in: FAZ vom 6. 12. 2000, S. 15.

Die drei zivilrechtlich geprägten Bereiche, in denen eine Genanalyse sinnvoll einsetzbar ist, sind unter diesem Gesichtspunkt rechtlich nicht unbedenklich. Art. 12 der sog. Bioethik-Konvention beantwortete unsere Frage, gilt aber in Deutschland nicht[40]. Nach dieser Vorschrift wäre die Genanalyse nur für gesundheitliche Zwecke oder für Zwecke der gesundheitsbezogenen Forschung zulässig. Dementsprechend wird in Deutschland[41] die DNA-Analyse zu Versicherungszwecken überwiegend abgelehnt[42].

3. Indikation?

a) Gesundheitliche Zwecke

Für gesundheitliche Zwecke wird die Genomanalyse derzeit in zwei Anwendungsbereichen eingesetzt, zum Erkennen von Krankheitsanlagen und zum Erkennen von Medikamentenverträglichkeiten (Pharmakogenetik).

Bei der Pharmakogenetik handelt es sich um die genetische Untersuchung, wie ein bestimmter Patient auf einzelne Medikamente reagiert. Dadurch kann zum einen gezielter und effizienter konventionell therapiert, aber auch geforscht werden. Zum anderen ist eine auf persönliche Bedürfnisse zugeschnittene Arzneimitteltherapie wirksamer, verträglicher und mit mehr Lebensqualität für den Patienten verbunden. Auf diese Weise können Schäden bis hin zum Tod durch ungeeignete Medikationen verhindert werden[43]. Während der erste Gesichtspunkt wirtschaftlich von Bedeutung ist - positiv für die Versichertengemeinschaft, negativ für die Pharmaindustrie -, indiziert der zweite Aspekt die genetische Untersuchung. Insoweit ist also von einer Indikation auszugehen.

Von ethischen Bedenken frei ist indessen nicht einmal die Pharmakogenetik: Die Möglichkeit, Arzneimittelwirkungen vorherzusagen, könne dazu führen, Patienten von bestimmten Behandlungen auszuschließen. Unter Umständen gibt es für diese

---

40 Vgl. dazu Kern, Die Bioethik-Konvention des Europarates - Bioethik versus Arztrecht, MedR 1998, S. 485- 490.

41 Anderes gilt z.B. in Großbritannien; vgl. Schnitzler.

42 Giesen, 357. Der Bundesrat hat die Bundesregierung aufgefordert, einen entsprechenden Gesetzesentwurf vorzulegen. Vgl. dazu Schnorr/Wissing, Im Vorfeld der Gesetzgebung, ZRP 2001, S. 47 - 48, 48. Nach einer neueren Ansicht soll allerdings eine Genomanalyse vor Abschluß einer privaten Krankenversicherung dann zulässig sein, wenn sie aufgrund konkreter Anhaltspunkte angezeigt ist, um eine bestehende oder unmittelbar bevorstehende Krankheit aufzuklären. Hofmann, Rechtsfragen der Genomanalyse, 1999, S. 223.

43 Hildegard Kaulen, Individualisierte Medizin kommt kaum voran, FAZ v. 2. 5. 2001, S. N3.

Patienten keine weitere Therapie mehr. Sie müßten dann tatenlos dem Fortschreiten der Krankheit zusehen. Das wiederum könne zu einem großen Leidensdruck bei den Betroffenen führen und das Gefühl wecken, ihnen werde eine lebensrettende Behandlung verweigert[44]. Bei diesen Bedenken handelt es sich meiner Meinung nach aber nur um Scheinbedenken. Den Betroffenen wird doch lediglich eine nichtindizierte, unwirksame Medikation verweigert, auf die sie keinen Anspruch haben. Überdies werden sie nicht mehr den teils beträchtlichen Nebenwirkungen[45] ausgesetzt, die sonst der einzige Therapie-"Erfolg" wären.

Größere Probleme wirft die Indikation in Bezug auf das andere Anwendungsgebiet der medizinisch veranlaßten Genanalyse auf. Ganz so unproblematisch wie es Art. 12 Bioethik-Konvention erscheinen läßt, ist die Frage insoweit nicht zu beantworten. Der Abschlußbericht der Bund-Länder-Arbeitsgruppe "Genomanalyse" vom Mai 1990 verlangt für diesen Bereich ein berechtigtes Interesse an einer genetischen Untersuchung, d. h. das Vorhandensein eines Risikos für eine genetisch bedingte Krankheit[46]. Darüber hinaus wird die Frage diskutiert, ob eine umfassende Analyse der Erbinformation überhaupt zulässig sei. Deshalb sind Zweifel jedenfalls bezüglich der Zulässigkeit von Reihenuntersuchungen angebracht.

b) Versicherungsrechtliche Zwecke

Lebensversicherungen[47], aber auch private[48] Krankenversicherungen haben ein erhebliches Interesse daran zu erfahren, welche Krankheiten oder Krankheitsanlagen eine Genanalyse offenbaren würde. Nach nahezu einhelliger Ansicht wird das aber als unzulässig angesehen, weil es den potentiellen Versicherungsnehmer

---

44 Kaulen, Individualisierte Medizin kommt kaum voran, FAZ v. 2. 5. 2001, S. N3.

45 Vgl. das Beispiel bei Kaulen, Individualisierte Medizin kommt kaum voran, FAZ vom 2. 5. 2001, S. N3. (Herceptin/Brustkrebs).

46 Vgl. dazu Kaulen, Leben mit erhöhtem Brustkrebsrisiko, FAZ v. 18. 4. 2001, S. N1. Für humangenetische Beratung und Begutachtung als Leistung der Krankenkassen ergibt sich das schon aus den sozialrechtlichen Vorgaben. Keller, Rechtliche Schranken der Humangenetik, JR 1991, S. 441 - 447, 445.

47 Nach dem Abschlußbericht der Bund-Länder-Arbeitsgruppe "Genomanalyse" sollen Genomanalysen im Zusammenhang mit dem Abschluß oder der Änderung von Lebensversicherungen nur dann zulässig sein, wenn gewährleistet ist, daß die dabei erhobenen Daten nur für diese Zwecke und weder für die Zwecke anderer Versicherungszweige desselben Versicherers genutzt noch an andere Versicherer oder an zentrale Datensammlungen oder zentrale Hinweissysteme übermittelt werden; vgl. dazu Keller, S. 446.

48 Anderes gilt für die Sozialversicherung; vgl. dazu Taupitz, Genetische Diagnostik und Versicherungsrecht, 2000, S. 7f.

benachteiligen und diskriminieren könnte. Würde eine genetische Krankheitsanlage festgestellt werden, so hätte er entweder gar keine Chance, in die Versicherung aufgenommen zu werden oder nur zu erhöhten Prämien[49]. Als Diskriminierung kann das hingegen nicht angesehen werden. In Anlehnung an die Interpretation von Art. 3 GG könnte hier von Diskriminierung nur gesprochen werden, wenn Gleiches ungleich behandelt würde. Das aber ist gerade nicht der Fall[50].

Mir hat dieses Argument nie eingeleuchtet. Auch heute sind - allerdings nur nichtgenetische - Gesundheitsuntersuchungen zu diesem Zweck zulässig. Gleichzeitig werden Versicherungsbeiträge nach dem Alter, also nach einer statistisch vermuteten Krankheitsanfälligkeit, festgelegt. Zudem fragen Versicherer schon heute nach dem Vorliegen von Erb- und anderen Krankheiten in der Familie[51]. Es wäre gerechter für den gesunden Versicherten und die Versichertengemeinschaft, wenn die besten Früherkennungsmethoden für Krankheiten und Krankheitsanfälligkeiten eingesetzt würden[52]. Das kann nicht zuletzt auch für den Versicherten selbst gelten, in dessen Familie Erbkrankheiten vorhanden sind, die aber nicht auf ihn vererbt wurden[53].

Allerdings ist zu berücksichtigen, daß durch die Genomanalyse sehr früh Krankheitsanlagen, z. B. Krebs, bekannt werden können, ohne daß gesagt werden kann, zu welchem Zeitpunkt oder ob sich diese Anlage überhaupt realisieren wird, aber diese Ungewißheit ergibt sich beim Alter des Versicherten auch[54].

In doppelter Hinsicht schwieriger ist die Situation hinsichtlich der Lebensversicherungen. Zum einen bleibt dem Versicherungswilligen, der nur unter erschwerten Bedingungen eine private Krankenversicherung abschließen kann, in der Regel der Ausweg der Gesetzlichen Krankenkasse[55]. Diese Möglichkeit fehlt bei der Lebensversicherung. Andererseits kann ein potentieller Versicherungsnehmer, der die Ergebnisse seiner Genomanalyse kennt, ohne sie der Versicherung mitteilen zu müssen, diese Situation zu seinen Gunsten und damit zu Lasten der Versichertengemeinschaft ausnutzen, indem er ein großes Risiko mit einer extrem hohen Auszahlungssumme gegen normale Prämienzahlung versichert[56].

---

[49] Zu den Argumenten im einzelnen vgl. Taupitz, S. 29.

[50] So im Ergebnis auch Taupitz, S. 30f.

[51] Vgl. dazu Roos, Gentechnik - Chancen und Risiken, AuR 2001, S. 121 - 124, 123; und Taupitz, S. 36.

[52] Vgl. dazu Taupitz, S. 40f.

[53] Vgl. dazu - für Großbritannien - Schnitzler.

[54] So auch Taupitz, S. 31f., 33.

[55] Der Zugang zur Sozialversicherung muß von derartigen Voraussetzungen frei bleiben; vgl. dazu auch NJW-Wochenspiegel, NJW 2001, Heft 12, S. LIIIf.

[56] Vgl. dazu Schnitzler; und Taupitz, S. 12f., 39.

Daher wird in jüngster Zeit eine vermittelnde Ansicht vertreten: Informationen über den akuten Gesundheitszustand - unabhängig davon, durch welche Untersuchungsmethode das Ergebnis erzielt wurde - sind vor Abschluß einer privaten Krankenversicherung offenzulegen. Das ergibt sich schon aus der Anzeigeobliegenheit des Antragstellers[57]. Untersuchungsergebnisse bloß prognostischen Charakters blieben so von der Weitergabe ausgeschlossen[58]. Auch weitere differenzierte Modelle sind im Gespräch. So wird in der Schweiz geplant, Fragen der Versicherer nach bestimmten, von einer Fachkommission ausdrücklich als zuverlässig und erkenntnisstark eingestuften Gentests zuzulassen[59].

c) Arbeitsrechtliche Zwecke

Entsprechendes gilt im Arbeitsrecht, in dem die Genomanalyse allerdings seltener auf Ablehnung stößt[60]. Auch hier sind herkömmliche Einstellungsuntersuchungen durchaus üblich. Die Frage drängt sich auf, ob es gerechtfertigt ist, zwischen herkömmlichen Gesundheitsuntersuchungen und der Genomanalyse grundsätzliche Unterschiede zu machen. Eine rechtliche Grundlage für das Verlangen des potentiellen Arbeitgebers nach einer Genanalyse könnte die Offenbarungspflicht des Bewerbers bezüglich seiner Erkrankungen sein[61].

Hier mag es zudem für den Betroffenen selbst von Vorteil sein, wenn er bei seiner konkreten Krankheitsanlage eine bestimmte Arbeitsstelle nicht übernimmt[62]. In beiden Bereichen scheint mir eine Überbewertung der Interessen des Betroffenen im Verhältnis zu den Interessen anderer vorzuliegen[63].

---

57 Vgl. dazu Taupitz, S. 21.

58 Catenhusen, Gentests aus dem Aldi?, FAZ v. 23. 11. 2000, S. 55.

59 "Nicht allzuviel von Gentests erwarten". Versicherungswissenschaftler warnen vor übereiltem Gesetz, FAZ v. 8. 3. 2001, S. 18.

60 Schaub, Arbeitsrechts-Handbuch, 8. Aufl., 1996, § 24 II 11. Zu den Voraussetzungen einer zulässigen Genomanalyse im Arbeitsrecht: Hofmann, Rechtsfragen der Genomanalyse, S. 153 ff., 222.

61 So auch - im Ergebnis allerdings ablehnend - Roos, S. 124.

62 Zu den Möglichkeiten im Arbeitsrecht vgl. Roos, S. 123f.

63 Nach den Vorschlägen der Bund-Länder-Arbeitsgruppe "Genomanalyse" sollen bei Einstellungs- und Eignungsuntersuchungen Genomanalysen sowohl auf Chromosomen-Ebene als auch auf DNA-Ebene grundsätzlich gesetzlich verboten werden. Keller, S. 446; so auch Roos, S. 124.

4. Einwilligung, Beratung, Aufklärung

Medizinische Genanalysen - und das würde erst recht für arbeits- und versicherungsrechtliche Untersuchungen gelten - sind nur zulässig, wenn der Betroffene eingewilligt hat. Demzufolge dürfen rechtswidrig gewonnene Genomanalysen nicht verwertet werden. So darf beispielsweise die Kündigung eines Mitarbeiters nicht auf eine heimliche Genomanalyse gestützt werden. In einem entschiedenen Fall hatte ein Unternehmen nach einer Dienstbesprechung das Geschirr seines Angestellten benutzt, um heimlich eine Genomanalyse anfertigen zu lassen, die dann mit anderen Funden verglichen wurde. Das führte zur Kündigung des Angestellten, die indessen unzulässig war[64].

Da die Indikation nur sehr schwach ausgeprägt ist, setzt die Einwilligung des Ratsuchenden eine umfassende Beratung und Aufklärung voraus. Nach den 1990 vom Berufsverband Medizinische Genetik verabschiedeten "Grundsätzen genetischer Beratung" soll die Beratung dem Ratsuchenden helfen, zu einer autonomen und für ihn tragbaren Entscheidung zu gelangen. Die Beratung muß dem Betroffenen vor Augen führen, welche Vorteile, aber auch welche Belastungen mit dem Wissen über eine genetisch bedingte Krankheit oder eine solche Krankheitsanlage verbunden sind. Nicht zu Unrecht wird in letzter Zeit verstärkt das "Recht auf Nichtwissen"[65] diskutiert[66] (z. B. Art. 10 Abs. 2 S. 2 Bioethik-Konvention). In der Literatur ist das Dilemma wie folgt beschrieben worden: "Die genetische Analyse ermöglicht die Identifizierung von Genvarianten und den Nachweis einer erblich bedingten Disposition für bestimmte Krankheiten, lange bevor diese manifest werden. Dadurch wird zwar das Verständnis für die Ursachen der Entstehung von Krankheiten erheblich erweitert, möglicherweise auch deren Verhütung oder Therapie erleichtert, zugleich aber eine Information vermittelt, die als solche irreversibel ist."[67] Noch drastischer hat das Laufs beschrieben: "Die Kenntnis der eigenen Gene vermag Handlungsmöglichkeiten nicht nur zu erweitern, sondern auch zu zerstören"[68].

Neben dieser genetischen Beratung, die auch weitere Informationen über wissenschaftliche Bewandtnisse enthalten muß, ist über die Risiken des Eingriffs aufzuklären.

---

64 VGH Mannheim, NJW 2001, 1082; Wolfgang Wischmeyer, Gesetz für genetische Diagnostik, FAZ v. 28. 3. 2001, S. 5.

65 Dieses wird zum Teil aus der Menschenwürde, damit aus Art. 1 I GG, überwiegend aber wohl aus dem allgemeinen Persönlichkeitsrecht hergeleitet. Hofmann, Rechtsfragen der Genomanalyse, S. 47 Fn. 366.

66 Nachweise dazu bei Laufs, Fortpflanzungsmedizin, Fn. 17.; und Taupitz, S. 26.

67 Wiese, Gibt es ein Recht auf Nichtwissen?, FS Niederländer, 1991, S. 475 - 488, 481.

68 Laufs, Fortpflanzungsmedizin, S. 94.

Ein großes Problem stellt die Freiwilligkeit dar, insbesondere, wenn die Zulässigkeit nicht auf medizinisch veranlaßte Untersuchungen beschränkt werden sollte. Diskutiert wird, daß kein potentieller Versicherungsnehmer gezwungen werden soll, sich einer Untersuchung zu unterziehen, sondern nur, Ergebnisse früherer Untersuchungen vorzulegen[69]. Es sollten aber insoweit keine übertriebenen Anforderungen gestellt werden, weil wir in diesem Bereich sonst - auch außerhalb der Genomanalyse - schnell an die Grenzen gelangen könnten[70].

Solange diese Problematik indessen nicht geklärt ist, kann von einem Versicherungsnehmer weder die Teilnahme an genetischen Untersuchungen noch die Vorlage von älteren Untersuchungsergebnissen verlangt werden. Humangenetiker dürfen die Untersuchungsergebnisse nicht an die Versicherungen herausgeben, auch nicht, wenn Einverständniserklärungen der Patienten vorliegen.

Von besonderem Interesse ist noch der Gedanke, daß auch die Einwilligung nicht ausreicht, um eine umfassende Analyse der Erbinformation zu rechtfertigen. Dieser Ansatz nimmt das Merkmal der Indikation ernst und erlaubte allenfalls Untersuchungen bei Angehörigen von Risikogruppen.

5. Fachgerechte Durchführung

Selbstverständlich müssen sowohl die Genomanalyse als auch die genetische Beratung, die hier im gleichen Umfang erforderlich ist, wie bei der pränatalen Diagnostik, fachgerecht durchgeführt werden: Eine falsche Diagnose kann so gefährlich für Körper, Gesundheit und Leben sein wie eine falsche Therapie. Das wird alsbald einen deutlichen Anstieg der Zahl der genetischen Berater erforderlich machen[71].

---

69 Vgl. dazu Schnitzler; und Taupitz, S. 43ff.

70 Vgl. dazu Roos, S. 123.

71 Bartram spricht von der Notwendigkeit, so schnell wie möglich 400 humangenetische Fachärzte auszubilden (zitiert nach: "Nicht allzuviel von Gentests erwarten". Versicherungswissenschaftler warnen vor übereiltem Gesetz, FAZ v. 8. 3. 2001, S. 18). Anderenorts (bh, Mehr genetische Beratung, FAZ v. 14. 3. 2001, S. N1) wird für einen nichtärztlichen "Genetischen Berater" geworben.

V. Gentherapie

Über die somatische[72] Gentherapie möchte ich nicht viele Worte verlieren, weil sie juristisch nicht überragend interessant ist. Urteile dazu sind jedenfalls nicht bekannt.

Soweit es schon eingeführte Verfahren gibt, müssen Indikation, Einwilligung des Patienten nach Aufklärung und kunstgerechte Durchführung vorliegen. Wie immer sonst im Arztrecht rechtfertigen diese drei Voraussetzungen das ärztliche Tun.

Überwiegend handelt es sich jedoch noch um Heilversuche[73], d. h. um noch nicht anerkannte Verfahren. Sie sind auch außerhalb von kontrollierten klinischen Versuchen zulässig[74], wenn es kein erfolgversprechendes schulmedizinisches Verfahren gibt, und wenn die Heilungschancen die Risiken des Verfahrens überwiegen[75]. Letzteres ist bislang nur selten der Fall[76].

VI. Ärztliche Schweigepflicht

Selbstverständlich unterliegen alle gewonnenen Daten der strengsten ärztlichen Schweigepflicht. Das folgt schon aus den allgemeinen straf- und berufsrechtlichen Regeln, wird aber noch durch die Bedeutung und Empfindlichkeit der gewonnenen Daten verstärkt. Die Schweigepflicht erfaßt alle gewonnenen Daten und gilt gegenüber allen nicht unmittelbar an der Beratung oder der Untersuchung Beteiligten. Insbesondere darf der Humangenetiker keine Ergebnisse an Verwandte seiner Patienten weitergeben, so interessant die Ergebnisse für diese auch sein mögen. Das ergibt sich im übrigen nicht allein aus der Schweigepflicht, sondern auch aus der Rechtsposition dessen, dem eine Information zugedacht ist. Es ist einmal formuliert worden, daß jeder ein Recht habe, seine Gene zu kennen, aber auch das Recht, sie nicht zu kennen. In das letztere Recht griffe der Arzt ein, der

---

72 Die Keimbahntherapie ist nach § 5 ESchG verboten.

73 Richtlinien zum Gentransfer in menschliche Körperzellen des Ständigen Arbeitskreises "Biomedizinische Ethik und Technologiefolgenabschätzung" beim Wissenschaftlichen Beirat der Bundesärztekammer, DÄBl. 1995, S. A789 - 794, B583 - 588, C507 - 512.

74 Zur Einwilligungsproblematik bei fremdnützigen Reihenuntersuchungen vgl. Stein, Ethische Prinzipien nur Dekor?, FAZ v. 6. 6. 2001, S. N2.

75 Diskutiert wird die Einführung eines internationalen Kontrollsystems, um sicherzustellen, daß weltweit alle an der Gentherapie beteiligte Ärzte möglichst rasch über Nebenwirkungen der Gentherapie und auffällige Beobachtungen informiert werden. FAZ v. 22. 12. 1999, S. N1f.

76 Vgl. Hobom, Gentherapie mit Zwischenfällen, FAZ v. 22. 12. 1999, S. N1f. einerseits und R. W., Fetale Zellen für Ungeborene, FAZ v. 13. 6. 2001, S. N2 andererseits.

einem Nicht-Patienten bzw. Nicht-Klienten einen genetischen Verdacht mitteilte, um bei ihm eine Diagnostik zu veranlassen[77].

Anderes mag nach dem Tode des Untersuchten gelten. Zwar gilt die Schweigepflicht weiter, aber in einer Interessenabwägung überwiegt das Interesse der Lebenden. Das gilt allerdings nicht, wenn die Befunde unschwer von dem Lebenden selbst gewonnen werden können.

VII. Schluß

Die sich ständig erweiternden Möglichkeiten der angewandten Humangenetik führen den Arzt immer wieder vor schwierige ethische und rechtliche Fragen im Spannungsfeld zwischen widerstrebenden Individualinteressen einerseits sowie Einzelinteressen und Allgemeininteressen andererseits. Besonders drastisch sichtbar wird dies am Konflikt zwischen dem Lebensrecht des Ungeborenen und den elterlichen, aber auch gesellschaftlichen Belangen. Beim aktuellen Stand der angewandten Humangenetik habe ich mehr Fragen aufwerfen als beantworten können. Ich hoffe dennoch, daß mein Vortrag nicht nur Spannungsverhältnisse aufgezeigt hat, sondern auch einige Lösungsansätze.

[77] Laufs, Fortpflanzungsmedizin, S. 94.

Verbrauchende Embryonenforschung und Grundgesetz - Rechtsphilosophische Anmerkungen zur verfassungsrechtlichen Debatte über die Forschung an embryonalen Stammzellen

Reinhard Merkel

Am Anfang einer solchen Ehrengabe mag ein persönliches Wort gestattet sein: Wir alle, die wir in Deutschland Medizinrecht betreiben, haben von Adolf Laufs gelernt. Ohne ihn wäre das deutsche Medizinrecht nicht, wo und was es ist. Auch zu dem im folgenden behandelten Thema, das seit mehr als einem Jahr eine staunenswerte öffentliche Konjunktur erlebt, hat Laufs längst vorher seine Stimme erhoben: skeptisch, warnend, an das Verfassungsfundament unseres Rechts erinnernd.[1] Die anschließenden Überlegungen wissen sich der intensiven Auseinandersetzung mit den Gedanken des verehrten Jubilars verpflichtet. Aber sie folgen ihnen nicht. Gleichwohl fühlt sich ihr Autor auch dabei vom Beispiel des Wissenschaftlers Laufs beglaubigt. Nicht nur wer Medizinrecht lernen, sondern auch, wer wissen will, was intellektuelle Redlichkeit im Streit der Argumente, was Liberalität der Anerkennung des Gegners bedeuten, findet in Adolf Laufs ein Vorbild von außergewöhnlicher Statur. Das Folgende ist nicht mit dem Mut der Dreistigkeit, sondern mit dem beruhigten Gewissen geschrieben, daß der Jubilar die wissenschaftliche Tugend der Kontroverse kennt, beherrscht und an anderen zu schätzen weiß.

I. Methodische Vorbemerkungen

Zum Zweck der Ordnung und einer größeren Transparenz der Probleme empfehlen sich vorweg einige wichtige begriffliche und methodische Unterscheidungen.

---

[1] Vgl. *Laufs*, Fortpflanzungsmedizin und Arztrecht, in: *Günther/Keller* (Hg.), Fortpflanzungsmedizin und Humangenetik – strafrechtliche Schranken?, 1991, S. 89 ff.; *ders.*, Fortpflanzungsmedizin und Arztrecht, 1992; *ders.*, NJW 1998, 796; *ders.*; Die deutsche Rechtslage zur Präimplantationsdiagnostik, in: EthikMed, Sonderheft 11 (1999), S. 55 ff.; *ders.*, Soll eine Präimplantationsdiagnostik eingesetzt werden dürfen?, in: Schriftenreihe Juristenvereinigung für Lebensrecht (JVL) 17 (2000), S. 81 ff.

1. Einwände gegen die Zulässigkeit einer „verbrauchenden" Embryonenforschung können in zwei unterschiedlichen Perspektiven formuliert werden: im Hinblick auf schützenswerte Belange des Embryos selbst und im Hinblick auf solche der Allgemeinheit. Zu den ersteren gehört der möglicherweise gebotene Lebens- und Menschenwürdeschutz, zu den letzteren etwa der Schutz der Gesellschaft vor unerwünschten und abschüssigen Entwicklungen jedweder Art und Richtung („Dammbruch-" oder „slippery slope"-Gefahren), z.B. die Förderung einer ausgrenzenden Eugenik, die schleichende Minderung des gebotenen Respekts vor dem menschlichen Leben oder ähnliches.

Zwischen beiden Problemkreisen gibt es ein normatives Rangverhältnis: Zuerst geklärt werden muß der Schutzstatus des Embryos. Denn daraus könnte sich ein kategorisches Verbot jeder verbrauchenden Forschung ergeben, das allen Abwägungen mit Gegengründen entzogen wäre. Weitere Überlegungen mit Blick auf die Gesellschaft wären damit gegenstandslos oder überflüssig. Dieses Verbot lautet: Wer rechtlich oder ethisch Grundrechtsträger, also Gleicher unter Gleichen mit allen anderen Menschen ist, der darf unter keinen Umständen allein zum Nutzen anderer getötet, „verbraucht" werden.[2] Utilitaristische Erwägungen, die dieses Fundamentalprinzip unter bestimmten Voraussetzungen zu überspielen erlauben, sind schon in ethischer Hinsicht nicht plausibel.[3] Als normative Grundlage von Rechtsprinzipien sind sie inakzeptabel. Daran besteht auch unter verfassungsrechtlichen Gesichtspunkten kein Zweifel.

Gesellschaftsbezogene Erwägungen können daher erst dann bedeutsam werden, wenn geklärt ist, daß dem Embryo ein solcher Status als Grundrechtsträger weder nach geltendem Recht zukommt noch ethisch einleuchtend begründbar ist. Nur dieser Frage nach dem normativen Status des Embryos gelten die folgenden Überlegungen.

---

2 Die im Strafrecht geläufigen Rechtfertigungsgründe selbst für vorsätzliche Tötungen, nämlich die Notwehr (§ 32 StGB) und den sog. Defensivnotstand (§ 34 StGB mit § 228 BGB), mag man durchaus *auch* als „nützlich" für andere – den jeweils rechtswidrig Angegriffenen (bei § 32) und den Gefährdeten (bei § 34) – beschreiben. Aber die rechtliche Tötungserlaubnis in diesen Fällen beruht selbstverständlich nicht auf solchen Nutzenerwägungen, sondern auf der *Zuständigkeit des Getöteten* für den Angriff bzw. die Gefahr.

3 Es sei der Fairneß halber darauf hingewiesen, daß alle mir bekannten modernen Lehren des Utilitarismus ein solches Überspielen des genannten Fundamentalprinzips auf die eine oder andere Weise ebenfalls zu vermeiden suchen oder allenfalls in eng begrenzten Extremfällen zulassen wollen; vgl. statt vieler die Überblicksdarstellung bei *Scarre*, Utilitarianism, 1996, S. 152 ff, oder die eigene Konzeption von *Griffin*, Well Being, 1986, insbes. S. 224 ff. – Zur ethischen Kritik der Grundlagen des Utilitarismus s. *Nida-Rümelin*, Kritik des Konsequentialismus, 1993.

2. Die zweite notwendige Unterscheidung ist die soeben angedeutete zwischen den beiden wesentlichen Quellen gesellschaftlich verbindlicher Normen, dem Recht und der (sozialen) Ethik. Die oben skizzierten Perspektiven – Blick auf den Embryo und Blick auf die Gesellschaft – können ersichtlich sowohl in rechtlicher, als auch in ethischer Hinsicht bezogen werden. Daher müssen sie es auch, soll die normative Klärung umfassend sein. Dabei brauchen die vielfältigen und komplizierten Beziehungen zwischen beiden Normsphären nicht abstrakt bestimmt zu werden.[4] Daß sich jedenfalls im Bereich unseres Themas beides nicht unbedingt decken, also die geltende Rechtslage nicht zwingend ethisch beglaubigt sein muß und das ESchG möglicherweise weiterreichende Verbote enthält, als sie ethisch gefordert wären, liegt auf der Hand. Gerade darüber wird seit Monaten gestritten.

Auch zwischen Recht und Ethik gibt es für die Zwecke unserer Analyse ein normatives Rangverhältnis: Vorrangig zu klären ist die Rechtslage. Denn wenn der Lebens- und Würdeschutz des Embryos von den fundamentalen Artikeln des Grundgesetzes, von Art. 1 Abs. 1 und Art. 2 Abs. 2, de lege lata erzwungen würde, so geriete jede ethische Reflexion in den Modus des Irrealis, den etwas esoterischen Status eines Glasperlenspiels. Diese Verfassungsartikel sind änderungsfest. Art. 1 Abs. 1 ist es schon formell und nach positivem Verfassungsrecht (Art. 79 Abs. 3 GG), Art. 2 Abs. 2 ist es jedenfalls der Sache nach, nämlich als eine, vielleicht *die* Grundnorm der neuzeitlichen Staatslegitimation überhaupt. Jedes ethische Räsonnement, das vom zwingenden Schutzgehalt dieser Grundrechtsnormen abwiche, wäre irreal oder jedenfalls folgenlos.

---

4 Dazu immerhin knapp und ein wenig grob: Recht regelt unter dem Gesichtspunkt größtmöglicher gleicher Freiheit aller primär die äußeren Beziehungen handelnder Subjekte zueinander, und zwar regelmäßig ohne sich dabei um die Gesinnungen der äußerlich korrekt Handelnden zu kümmern. Ethische Normen verlangen dagegen neben dem richtigen Handeln immer auch die dazu gehörende moralische Einstellung des Handelnden (*Funktionunterschied* und – innerhalb einer und derselben Person – sogar *Adressatenunterschied,* nämlich einmal auch der „innere", Gesinnung innehabende Mensch, das andere mal nur der äußerlich Handelnde). Darüber hinaus ge- und verbietet die Ethik mehr, als es dem Recht unter dem Gesichtspunkt der Freiheitssicherung zusteht (etwa Wohltätigkeit und Nächstenliebe); andererseits erzwingt das Recht unter Ordnungsgesichtspunkten auch Verhalten, das moralisch neutral, also der Ethik sozusagen egal ist; Beispiel: das Rechtsfahren im Straßenverkehr, das ja auch, wie in England, als Linksfahren erzwungen werden könnte (*Inhaltsunterschied*). Daß sich im übrigen die fundamentalen Handlungsnormen von Recht und Ethik inhaltlich im wesentlichen decken und in einer wohlgeordneten Gesellschaft decken müssen, daß also rechtliche Gebote grundlegenden ethischen Normen nicht widersprechen dürfen, ist offensichtlich.

Die ethische Analyse unserer Probleme habe ich an anderer Stelle unternommen.[5] Hier will ich mich auf die der Rechtslage beschränken.

II. Das einfache Gesetz: Embryonenschutzgesetz

1. Hier finden wir auf die Frage nach der Zulässigkeit tödlicher Forschungen an Embryonen eine klare Antwort: Das ESchG verbietet sie bei Strafe (§ 2 Abs. 1). Das gleiche gilt bereits für die Erzeugung eines Embryos zum Zweck seines Verbrauchs für die Stammzellentnahme. Es gilt sogar für das bloße „Unternehmen" einer solchen Erzeugung, also für die dazu erst ansetzende Versuchshandlung (§ 1 Abs. I Ziff. 2): Schon sie wird als vollendetes Delikt mit Strafe bedroht. Damit genießt der extrakorporal erzeugte Embryo einen weitreichenden gesetzlichen Lebensschutz. Das mag man als ein einfachgesetzliches „Recht auf Leben" bezeichnen. Hilfreich wäre die Terminologie nicht. Denn dieses „Recht" hätte mit dem Grundrecht auf Leben nach Art. 2 Abs. 2 S. 1 GG nichts zu tun.[6] Das allein ist aber üblicherweise gemeint, wenn von einem Recht auf Leben gesprochen wird. Man sollte daher irreführende Suggestionen und Verwechslungen vermeiden und den Schutz, den das ESchG gewährt, nicht als den eines embryonalen Rechts auf Leben bezeichnen.

2. An der skizzierten Rechtslage ist nichts umstritten, weil nichts daran zweifelhaft ist. Gewiß weist das ESchG im übrigen eine Reihe systematischer Eigenwilligkeiten, Ungereimtheiten und handwerklicher Mängel auf.[7] Doch haben sie mit dem unmißverständlichen Verbot jeder verbrauchenden Forschung an Embryonen nichts zu tun. Auch die wissenschaftliche Kontroverse über die Frage der Zulässigkeit einer Präimplantationsdiagnostik an nicht mehr totipotenten Embryonalzellen[8] berührt jenes Verbot nicht.[9] Daß die Abtötung eines Embryos durch die Ent-

---

[5] *Merkel*, Verbrauchende Embryonenforschung?, in: Schmücker/Steinvorth (Hg.), Gerechtigkeit und Politik. Philosophische Perspektiven, 2002, S. 151 ff.

[6] Einfachgesetzlichen (wenngleich vielfach einschränkbaren) Lebensschutz genießen etwa auch Wirbeltiere (§ 17 TierSchG), die keine Grundrechtsträger sind; das würde niemand ein „Recht auf Leben" nennen.

[7] S. dazu v.a. *Schroeder*, Die Rechtsgüter des ESchG, in: Fschr. für Miyazawa, 1995, S. 533 ff; *ders.*, Neuartige Absichtsdelikte, in: Fschr. für Lenckner, 1998, S. 333 ff.; s. auch die Kritik von *Günther* in: *Keller/Günther/Kaiser*, Kommentar zum ESchG, 1992, B IV, Rnr. 26 ff.

[8] § 8 Abs. 1 ESchG setzt den Begriff der Totipotenz voraus, klärt ihn aber nicht de lege. „Totipotenz" heißt die grundsätzliche Fähigkeit der noch gänzlich undifferenzierten Zellen des frühesten Embryos (der sog. Blastomeren), sich auch als jeweils einzelne, also nach Ablösung aus dem Zellverbund, zu einem vollständigen Individuum zu ent-

nahme seiner Stammzellen im Blastozystenstadium den Straftatbestand des § 2 Abs. 1 ESchG erfüllt, ist unbestritten und unbestreitbar.

Das ESchG ist ein einfaches Gesetz und kann daher grundsätzlich geändert werden. Stehen freilich hinter seinen Verbot die Artikel 1 Abs. 1 und 2 Abs. 2 des GG, so scheidet die Möglichkeit einer solchen Änderung aus. Damit ist die Frage nach dem grundrechtlichen Status des Embryos gestellt. Zwei verfassungsrechtliche Quellen kommen für eine Antwort in Betracht: der Text des Grundgesetzes selbst und die Judikatur seines verbindlichen Interpreten, des BVerfG.[10]

---

wickeln. Auf natürlichem Wege entstehen so eineiige Zwillinge. Nach heute ganz überwiegender Auffassung in der Molekularbiologie und Reproduktionsmedizin endet die Totipotenz der Blastomeren mit dem Erreichen des embryonalen Achtzellstadiums, also etwa mit dem 3. Tag nach der Fertilisierung; dazu *Beier*, Definition und Grenze der Totipotenz: Aspekte der Präimplantationsdiagnostik, in: Ethik in der Medizin, Sonderband 11, 1999, S. 23 ff., 28 (m.w.N.).

9 Für die Zulässigkeit einer solchen PID z.B. *Ratzel/Heinemann*, MedR 1997, 540; *Neidert,* MedR 1998, 347; *Schneider*, MedR 2000, 360; *Schreiber*, DÄBl 2000, A-1135. Die Frage kann hier offenbleiben. Gleichwohl sei beiläufig angemerkt, daß die Auffassung, das ESchG erlaube eine PID an nicht mehr totipotenten Zellen, irrig ist. Ihre These lautet so: Rechtmäßig nach dem ESchG handle, wer beim Umgang mit einem Embryo einen der vom ESchG geforderten richtigen Zwecke verfolge (§ 1 I: Herbeiführung einer Schwangerschaft; § 2 I: „Erhaltung" des Embryos); der eine PID durchführende Arzt beabsichtige primär die Herbeiführung einer Schwangerschaft; also handle er rechtmäßig. Das ist falsch. Das ESchG sagt keineswegs, daß die Verfolgung (auch) eines *richtigen* Zwecks die Handlung *rechtmäßig*, vielmehr sagt es ausweislich seines unzweideutigen Wortlauts, daß jede Verfolgung eines *falschen* Zwecks sie *rechtswidrig* mache. Es fordert also nicht nur ein Verfolgen des richtigen Zwecks, sondern läßt keinerlei falschen darüberhinaus zu. Dieser Unterschied ist bei Handlungen mit *mehreren* (teils bedingten) Zweckverfolgungen offensichtlich von entscheidender Bedeutung. Jede PID verfolgt immer auch und zuerst den Zweck eines Tests des Embryos, um damit das konkrete Festlegen des Zwecks der Anschlußhandlung (Verwerfung oder Implantation) abzuklären. Dieser Test *„dient"* – vor dem Hintergrund der möglichen Alternative einer sofortigen Implantation *ohne* Test – niemals der Erhaltung des Embryos, selbst wenn der solcherart als „unbedenklich" ermittelte Embryo danach eingepflanzt wird. Anders formuliert: Wenn *allein* Handlungen mit der Absicht, Zweck X zu verfolgen, zulässig sind, dann ist eine Handlung, die klären soll, ob man X oder non-X verfolgen will, wiewohl man X sofort verfolgen könnte, immer unzulässig – egal, welche Handlung danach vorgenommen wird. – Sachlich und im Ergebnis daher richtig *Laufs*, Ethik Med 1999, 16, 21; *derselbe,* Fortpflanzungsmedizin und Arztrecht, 1992, S. 79; ebenfalls *Beckmann ZfL* 1999, 65, 67.

10 Daß die Rechtsprechung des BVerfG selbst eine authentische verfassungsrechtliche Quelle ist und angesichts des hochabstrakten Textes des GG als dessen handhabbare Konkretisierung auch sein muß, entspricht der ganz herrschenden Auffassung im

III. Verfassungsrecht, erster Teil: Der Text des Grundgesetzes

1. Das Grundgesetz selbst bleibt zu der Frage eines subjektiv grundrechtlichen Status des Embryos stumm. Daß Art. 1 Abs. 1 die Würde „des Menschen" und Art. 2 Abs. 2 das Leben „jedes", also jedes Menschen schützt und daß der menschliche Embryo ein lebendes Wesen ist, das zur Spezies Homo sapiens gehört, ändert daran nichts. Gesetzesbegriffe sind *normative* Begriffe. Ihre Bedeutung wird weder von den Naturwissenschaften noch vom Alltagssprachgebrauch festgelegt. Das zeigen die allermeisten (vermutlich alle) unserer einfachgesetzlichen Normen, die den Begriff „Mensch" verwenden: Sie beziehen sich damit nur auf den geborenen Menschen. Prominentestes Beispiel ist § 1 BGB, der gerade dies ausdrücklich regelt. Auch die zahlreichen strafgesetzlichen Tatbestände, die von „Menschen" oder synonym von „Personen" oder einfach und ebenfalls synonym von „anderen" reden, meinen damit nur geborene Menschen. Dagegen heißt ein Embryo in der Sprache der einfachen Gesetze entweder „Ungeborenes" (§ 219 StGB) oder „Leibesfrucht" (z.B. § 1615 o BGB) oder eben, wie im ESchG, „Embryo".

a) Daraus ergibt sich freilich nicht etwa umgekehrt ein methodisch beglaubigter Schluß auf die gleiche Bedeutung des „Mensch"-Begriffs in der Verfassung. Als das Fundament der gesamten Rechtsordnung kann sie einem so zentralen Rechtsbegriff selbstverständlich eine andere, umfassendere Bedeutung geben, als es die einfachen Gesetze tun. Wenn also § 1 BGB „die Rechtsfähigkeit des Menschen" erst mit der Geburt beginnen läßt, so präjudiziert das für die Grundrechtsfähigkeit des Menschen nichts.

b) Beide Bedeutungen, sowohl die den Embryo erfassende als auch die ihn ausschließende, können daher mit gleich plausiblen (oder unplausiblen) Gründen in den „Mensch"- bzw. „Jeder"-Begriff der Grundrechte hinein- und deshalb kann keine von ihnen einfach dort herausgelesen werden. Auch die geläufigen Methoden der juristischen Auslegung helfen dazu nicht. Daß der Gesetzeswortlaut als der einer rechtlichen Terminologie jede der beiden Bedeutungen, die ein- wie die ausschließende (aber nicht beide zusammen), tragen kann, haben wir gesehen. Eine systematische Auslegung mit Blick auf den Kontext der anderen Grundrechte ergibt schon deshalb keinen Befund, weil diese erstens gerade den – für den Embryo ungeklärten – prinzipiellen Status als Grundrechtsträger voraussetzen und zweitens als Grundrechte für Embryonen sachlich ohnehin nicht in Betracht kommen. Die sog. teleologische Auslegung, also eigentlich die Sinn*gebung* (und weniger Sinnermittlung) durch den Interpreten nach Kriterien primär der normativen Vernunft und sekundär der pragmatischen Zweckmäßigkeit, setzt ersichtlich

---

Staatsrecht, wenngleich gegenüber diesem Umstand gelegentlich kritische Töne angeschlagen werden; zum Ganzen *Schlink*, Die Entthronung der Staatsrechtswissenschaft durch die Verfassungsgerichtsbarkeit, in: Der Staat 28 (1989), 161 ff.

voraus, daß die Streitfrage, um die es hier geht, bereits entschieden ist: Wer den Embryo „als Menschen“ für absolut schutzwürdig hält, wird ihm eben gerade den Schutz der Art 1 Abs. 1 und 2 Abs. 2 GG zusprechen; und wer jenes nicht tut, wird auch dieses ablehnen. Die Behauptung, man habe die eine oder die andere Deutung per „teleologische Auslegung“ den Normen selbst entnommen, wäre nichts weiter als ein Hineinlesen des *eigenen* Telos in die Norm: eine maskierte petitio principii. Sie setzte jeweils für die Auslegung voraus, was mit dieser erst zu beweisen wäre.

c) In gewissem Maße aufschlußreich ist dagegen die sog historische Auslegung, nämlich die Ermittlung des seinerzeitigen Willens des Verfassungsgesetzgebers selbst. Sie liefert einen deutlichen Anhalt für den bisherigen Negativbefund. Die streitige Frage war schon 1948 im zuständigen Ausschuß des Parlamentarischen Rates Gegenstand der Auseinandersetzung. *Wernicke* zitiert im Bonner Kommentar die einschlägigen Protokolle ausführlich und im Wortlaut.[11] Daraus ergibt sich dies: Ein von dem Abgeordeneten Seebohm gestellter Antrag, den grundrechtlichen Schutz des Embryos ausdrücklich in Art. 2 Abs. 2 GG aufzunehmen, wurde zunächst zurückgezogen, weil einige Abgeordnete, darunter Theodor Heuß, der Auffassung waren, der (heutige) Wortlaut erfasse das „keimende Leben“ bereits. Weil jedoch diese Deutung von anderen Abgeordneten entschieden zurückwiesen wurde, stellte Seebohm seinen Antrag erneut. Er wurde mit einer 2/3-Mehrheit abgelehnt.

d) Diese Sachlage lädt zu Mißdeutungen eigentlich nicht ein. Gleichwohl hat *von Mangoldt* später in den „Amtlichen Beratungen“ behauptet, der Antrag sei nur deshalb zurückgewiesen worden, weil man im Ausschuß mehrheitlich der Meinung gewesen sei, der Grundrechtsschutz des Embryos sei bereits „durch die gegenwärtige Fassung gesichert“.[12] Das ist nachgerade abwegig. Abstrakt: ein Antrag, x zu beschließen, der genau und nur deshalb gestellt wurde, weil man x erkennbar für noch nicht einhellig beschlossen hielt, sei deshalb abgelehnt worden, weil man x für schon einhellig beschlossen hielt. Vor diesem Hintergrund mutet es befremdlich an, wenn das BVerfG im ersten sog. Fristenlösungsurteil von 1975 nach durchaus korrektem Zitat einschlägiger Passagen aus den Protokollen des Parlamentarischen Rats davon spricht, die Entstehungsgeschichte des Art. 2 Abs. 2 S. 1 GG lege es nahe, „daß die Formulierung ‘jeder hat das Recht auf Leben’ auch das keimende Leben einschließen sollte“. Das legt sie keineswegs, vielmehr legt sie nachdrücklich das genaue Gegenteil nahe.

Da aber auch das BVerfG seine „Naheliegens“-Vermutung nicht als eindeutiges Auslegungsergebnis aufgefaßt wissen will, sie vielmehr (wenngleich unplausibel) nur für plausibler erklärt als die „gegenteilige Ansicht“, kann die Frage hier of-

---

[11] GG, Bonner Kommentar/*Wernicke*, (Erstbearb.), Art. 2 II, Erl. II. 2. b).

[12] Zit. bei *Wernicke*, a.a.O.

fenbleiben. Es ist normenlogisch nicht geboten, entweder den Ein- oder den Ausschluß des Embryos durch den Verfassungstext selbst positiv und eindeutig festzustellen, also ein logisches „*tertium non datur*" vorauszusetzen. Vielmehr ist ohne weiteres eine Auslegung möglich, die den einschlägigen Normen zu dieser Frage einfach *nichts*, nämlich ein Schweigen entnimmt, also sowohl den Argumenten für als auch denen gegen den Ein- bzw. den Ausschluß jeweils ein „*non liquet*" attestiert.

e) Zur Vermeidung von Mißverständnissen: Ein solches Auslegungsergebnis bedeutet nicht, daß damit auch *dem Embryo selbst* ein verfassungsrechtlich unentscheidbarer Status, sozusagen im normativen Niemandsland zwischen zwei „*non liquets*" zugeschrieben würde.[13] Das wäre allerdings ausgeschlossen. Einen solchen Status kennt das Verfassungsrecht nicht. Alle lebenden Wesen sind entweder Grundrechtsträger oder sie sind es nicht – „*tertium non datur*". Es bedeutet nur, daß uns die Verfassungsrechtsquelle „Grundgesetztext" *allein* die Statusfrage nicht beantwortet. Da wir aber in der Judikatur des BVerfG eine zweite genuine Verfassungsrechtsquelle haben (und wegen der hochabstrakten Unbestimmtheit der einschlägigen Normentexte auch brauchen), ist dies für die Notwendigkeit, eine Antwort zu geben, unschädlich.

2. Die Aussage, schon der historische Verfassungsgeber habe den Embryo als Grundrechtsträger in den subjektivrechtlichen Schutzbereich der Art. 1 Abs. 1 und 2 Abs. 2 S. 1 GG eingeschlossen, ist nicht begründbar – sowenig wie die gegenteilige, daß er ihn ausgeschlossen habe.[14] Der einzige Anhaltspunkt, den die Auslegung liefert, spricht vielmehr für die wenig überraschende Einsicht, daß die Frage

---

[13] Für den „präimplantiven" Embryo (bis etwa zum 13. Tag seiner Entwicklung) gleichwohl in diese Richtung argumentierend *Coester-Waltjen*, FamRZ 1984, 230, 233.

[14] Ich setze dabei und im folgenden mit der der durchgängigen Rspr. des BVerfG und der ganz vorherrschenden Lehre im Verfassungsrecht den Charakter des Art. 1 Abs. 1 als eines echten subjektiven, mit der Verfassungsbeschwerde durchsetzbaren Grundrechts voraus; vgl. nur BVerfGE 15, 283; 28, 151; 49, 286; 50, 256; 45, 187; 72, 105, u.ö.; aus der Lit. *Benda*, in: *ders./Maihofer/Vogel* (Hg.), Handbuch desVerfassungsrechts, 2. Aufl.. 1994, S. 161 ff., Rnr. 7 ff.; *Höfling*, in: *Sachs* (Hg.) Kommentar zum GG, 2. Aufl., 1999, Rnr. 3 ff. zu Art. 1 I; *Starck*, in: in *v. Mangoldt/Klein/Starck*, GG-Kommentar, Bd. 1. 4. Aufl. 1999, Art. 1 Abs. 1 Rnr. 18 (alle m.w.N.). – Die Gegenstimmen hierzu in der Literatur, die in Art. 1 Abs. 1 lediglich ein objektives „Grundprinzip", aber kein Grundrecht sehen, haben im einzelnen bedenkenswerte Gründe (vgl. etwa *Dreier*, in: *ders.* (Hg.), Kommentar zum GG, Bd. I, 1. Aufl., 1996, Rnr. 72 zu Art. 1 I [m.w.N.]; *Geddert-Steinacher*, Menschenwürde als Verfassungsbegriff, 1990, S. 164 ff.; *Enders*, Die Menschenwürde in der Verfassungsordnung, 1997, S. 113 ff.) Sie geben aber vor dem Hintergrund der insofern gänzlich schwankungsfreien Judikatur des BVerfG nicht das geltende Recht wieder.

schon damals nicht konsensfähig entscheidbar war. Deshalb hat keine der denkbaren Antworten einen ausweisbaren Niederschlag im Verfassungstext gefunden.[15]

3. Dieses Ergebnis läßt sich auch nicht mit der methodischen Maxime einer „weiten Grundrechtsauslegung" bzw. (und bedeutungsgleich) der „Vorzugswürdigkeit weiter Tatbestandstheorien" der Grundrechte korrigieren, wie sie im Verfassungsrecht und in der Judikatur des BVerfG gefordert wird.[16] Maxime wie Vorzugswürdigkeits-Attest sind gewiß richtig. Sie setzen aber als Auslegungs- (und nicht Erzeugungs-)Regeln für Grundrechte ganz offenkundig eben deren Existenz voraus – und damit ebenso offenkundig die ihrer Inhaber als Rechtsinhaber. Das ist ein begrifflicher, also trivialer und zwingender Zusammenhang: Subjektive Rechte gibt es eben nur als Rechte von Subjekten, im Modus des „Gehabtwerdens" von Inhabern. Die Maxime, „Rechte aller Rechtsinhaber X" weit oder, wie das BVerfG meist formuliert, „wirkungskräftig" auszulegen, kann daher schon aus logischen Gründen nichts zur Klärung der Frage beitragen, wer ein X ist oder sein sollte. Diese X-Zugehörigkeit setzt sie für ihre Anwendbarkeit in jedem Einzelfall voraus und kann sie deshalb nicht selbst begründen.

IV. Verfassungsrecht zweiter Teil: Die Judikatur des BVerfG zum Grundrechtsstatus des Embryos

Anders als der Verfassungstext ist bekanntlich das BVerfG zu unserer Frage nicht stumm geblieben. In den beiden Urteilen zur sog. Fristenlösung des Abtreibungsproblems hat es zum grundrechtlichen Status des Embryos nachdrücklich Stellung bezogen.[17] Beide Entscheidungen präsentieren ein komplexes Labyrinth von Behauptungen, Argumenten, Prinzipien und Normen, das schwer zu durchschauen und daher, wenn ich recht sehe, in wichtigen Punkten seines Inhalts und seiner Konsequenzen auch undurchschaut geblieben ist.

Dabei sprechen die jeweils maßgeblichen Leitsätze, jedenfalls prima facie, in beiden Fällen eine deutliche Sprache. An der Grundrechtsinhaberschaft des Embryos, so sollte man meinen, lassen sie keinen Zweifel. Gleichwohl ist dies neuer-

---

15 In der Sache ebenso *Herzog*, JR 1969, 441 f. Daß Herzog seinerseits einen Einschluß des Embryos fordert, beruht auf seinen weiteren und eigenen Erwägungen.

16 Umfassend *Höfling*, Offene Grundrechtsinterpretationen, 1987, S. 47 f., 172 ff.; *ders.* JZ 1995, 26 ff. (31 f.), jeweils m.w.N.; aus der Judikatur des BVerfG z.B. BVerfGE 6, 55 (72); E 32, 54 (71), sowie die erste Abtreibungsentscheidung BVerfGE 39, 1 (38).

17 BVerfGE 39, 1 ff. (1975); E 88, 203 ff. (1993).

dings auch in der Verfassungsrechtslehre in Zweifel gezogen worden.[18] Das nötigt zu einem genaueren Hinsehen.

1. Beide Urteile betonen die dem Staat grundgesetzlich auferlegte „Schutzpflicht" für das ungeborene Leben. Schutzpflichten sind positive Pflichten, solche zum (schützenden) *Handeln*, und nicht, wie es dem Primärsinn der Grundrechte entspricht, negative Pflichten, solche zum *Unterlassen* eines rechtsverletzenden Verhaltens. Das Anknüpfen des BVerfG an Schutzpflichten ist eine selbstverständliche Konsequenz des Umstands, daß die Grundrechtstatbestände unmittelbar nur subjektive Abwehrrechte gegen den Staat formulieren. Art. 2 Abs. 2 S.1 etwa verbietet eigene zurechenbare Tötungshandlungen des Staates gegen Grundrechtsträger. Eine unmittelbare abwehrrechtliche Drittwirkung der Grundrechte im Verhältnis ihrer Träger zueinander gibt es nicht.[19]

a) Doch garantiert die Rechtsordnung den Schutz des Lebens selbstverständlich nicht nur gegen den Staat, sondern auch im Verhältnis der Bürger untereinander: direkt und sinnfällig mit den Normen des einfachen Gesetzes, vorrangig denen des Strafrechts. Ein solcher Schutz ist nach vermutlich allen Theorien der neuzeitlichen Staatsphilosophie seit Thomas Hobbes ein notwendiges Element der Legitimität des Staates und seiner rechtlichen Zwangsordnung. Dieser Status als der einer staatlichen Fundamentalnorm legt es nahe, seinen Urgrund in der Verfassung, nämlich dem Lebensgrundrecht selbst zu sehen. Dem entspricht denn auch, soweit ich sehe, ein weitreichender Konsens in der heutigen Staatsrechtslehre. Daraus ergibt sich konstruktiv die Notwendigkeit, den grundgesetzlichen Abwehrrechten und den ihnen korrespondierenden staatlichen Unterlassungspflichten zusätzlich positive Schutzpflichten des Staates zuzuordnen, die sich auf das Verhältnis der Grundrechtsträger untereinander beziehen und es als Rechtsverhältnis, also als gewaltfreies garantieren. Solche Schutzpflichtenen sind es, wovon das BVerfG in den beiden Fristenlösungs-Urteilen spricht.

b) Damit sind zunächst und unmittelbar objektivrechtliche staatliche Pflichten statuiert. Das bedeutet nicht, daß sie *„bloß"* objektive Pflichten wären. Vielmehr korrespondieren ihnen nach heute kaum noch bestrittener Auffassung der Staats-

---

[18] Insbesondere von *J. Ipsen*, JZ 2001, 989; dazu genauer unten ...

[19] Ich ignoriere hier die vereinzelten Stimmen in Literatur und Judikatur, die jedenfalls nominell von einer unmittelbaren Drittwirkung der Grundrechte in bestimmten Bereichen des Zivilrechts sprechen. Eine solche Drittwirkung könnte jedenfalls „nicht darin bestehen, daß Rechte des Bürgers gegenüber dem Staat zugleich Rechte des Bürgers gegen Bürger sind. Dies ist aus begrifflichen Gründen ausgeschlossen und wird von keinem Vertreter der Theorie der unmittelbaren Drittwirkung behauptet. Ein Recht des Bürgers gegen den Staat ist als solches definitionsgemäß kein Recht des Bürgers gegen einen Bürger" (so zutreffend *Alexy*, Theorie der Grundrechte, 1986, S. 489).

rechtslehre und des BVerfG echte subjektive Rechte des Bürgers gegen den Staat.[20] Sie sind genuiner Bestandteil der Grundrechte selbst und teilen daher deren normativen Status. Die Verletzung einer solchen staatlichen Schutzpflicht verletzt deshalb zugleich das jeweilige Grundrecht, auf dessen Rechtsgut sich das Schutzgebot bezieht. Grundrechte haben also zwei subjektivrechtliche Dimensionen: die unmittelbar abwehrrechtliche, gerichtet auf Unterlassen, und die schutzrechtliche, gerichtet auf positives Handeln des Staates. Beide sind mit der Verfassungsbeschwerde durchsetzbar.

Freilich gibt es in beiden Bereichen erhebliche Unterschiede in der Reichweite der jeweiligen Kontrollmöglichkeiten des Gerichts. Das liegt daran, daß der Inhalt von Schutzpflichten als positiven Pflichten normenlogisch unbestimmt ist. Ein Verbot verletzender Eingriffe untersagt *jede* Handlung, die einen solchen Eingriff darstellt, und damit *alle zusammen*. Dagegen bedeutet ein Schutzgebot keineswegs, daß jede schützende Handlung geboten wäre, geschweige denn alle zusammen. Vielmehr wird es bereits durch *eine einzige* zum Schutz geeignete Handlung erfüllt. Beispielhaft: Wem verboten ist, zu töten, der muß *jede* von unzählig vielen möglichen Tötungshandlungen unterlassen, also stets *alle*. Wer dagegen verpflichtet ist, einen Ertrinkenden zu retten, der mag dies durch eine eigene schwimmerische Aktion, durch die Veranlassung einer solchen bei einem anderen, durch Zuwerfen eines Rettungsrings, durch schnelles Organisieren eines Bootes und Rudern zur Unglücksstelle, durch Mobilisierung der Badeaufsicht oder durch dies und das ansonsten Mögliche bewerkstelligen. Geboten ist ihm nur eine einzige von allen (vielleicht zahlreichen) geeigneten Maßnahmen.[21]

---

[20] Ausführlich zum Schutzpflicht-Aspekt der Grundrechtsgewährleistung und seiner subjektiv-rechtlichen Seite *Isensee*, in *Isensee/Kirchhof*, Handbuch des Staatsrechts, Bd. V, 2. Aufl. 2000, § 111, Rnr. 165 ff., 183 ff.; *Alexy*, Theorie der Grundrechte, 1986, S. 410 ff.; aus der Kommentarliteratur v.a. *Jarass/Pieroth*, GG-Kommentar, 5. Aufl. 2000, Rn. 5 ff. vor Art. 1; *Sachs*, in *ders.* (Hg.), GG-Kommentar, 2. Aufl. 1999, Rn. 41 vor Art. 1; *Höfling*, ebda., Art. 1 Rnr. 38; *Dreier*, in: *ders.* (Hg.), GG-Kommentar Bd. 1, 1996, Rn. 64 vor Art. 1; *Enders*, in: *Friauf/Höfling* (Hg.), Berliner Kommentar zum GG, 2000, Rn. 70 vor Art. 1. – Nach früher wohl vorherrschender Ansicht war an die ausdrücklich positivierte Schutzpflicht zugunsten der Menschenwürde in Art. 1 Abs. 1 S. 2 des GG anzuknüpfen und dessen Schutzgebot auf die nachfolgenden Grundrechte zu übertragen; vgl. *Dürig*, in *Maunz/Dürig/Herzog/Scholz*, Kommentar zum GG, 6. Aufl., ab 1976, Rnr. 16 zu Art 1 Abs. 1 sowie Rnr. 103 zu Art. 1 Abs. 3; teilweise ähnlich *Starck*, in *v. Mangoldt/Klein/Starck*, GG-Kommentar, Bd. 1. 4. Aufl. 1999, [...]. Die vom BVerfG und der heute weit überwiegenden Lehre bevorzugte Auffassung leitet dagegen die subjektivrechtlichen Schutzansprüche unmittelbar aus den Grundrechten selbst ab.

[21] Technischer: Bei Verletzungsverboten ist die Unterlassung jeder einzelnen Verletzungshandlung notwendige und erst die Unterlassung aller dieser Handlungen hinreichende Bedingung der Normerfüllung. Bei Schutzgeboten ist, sofern mehrere Hand-

Daraus erklärt sich der geläufige Hinweis, dem Staat, also primär dem Gesetzgeber, stehe bei grundrechtsbezogenen Schutzpflichten regelmäßig eine Vielzahl von Entscheidungs- und Gestaltungsmöglichkeiten zur Verfügung.[22] Der grundrechtliche Schutzanspruch des Bürgers beschränkt sich daher auf die Einhaltung bestimmter Grenzen. Sie markieren für den Staat, was im Verfassungsrecht „Untermaßverbot" heißt. Darüber hinaus erzwingen sie nichts. Es liegt auf der Hand, daß diese Unbestimmtheit positiver Schutzpflichten ein weites Terrain für Streitfragen und für Mißverständnisse eröffnet. Die gegenwärtige Debatte um den Embryonenschutz präsentiert dafür ein sprechendes Zeugnis. Darauf komme ich zurück.

c) Vor allem im Hinblick auf Art. 1 Abs. 1 entnimmt das BVerfG dem System der Grundrechte bzw. ihrer „objektiven Wertordnung"[23] noch einen dritten Normtypus, der tatsächlich *nur* objektiv-rechtlicher Natur ist. Er umfaßt staatliche Pflichten, die auch jenseits der geschützten Sphären individueller Grundrechtsträger einen allgemein grundrechtsfreundlichen Modus der Erfüllung aller Staatsaufgaben gewährleisten sollen. „Menschenwürde" in dieser weiten Perspektive ist nach dem BVerfG „nicht nur die individuelle Würde der jeweiligen Person, sondern die Würde des Menschen als Gattungswesen".[24] Seit seinen Anfängen in der Antike haftet dem Würde-Begriff auch diese zweite, speziesbezogene Bedeutung an. In der Moral- und Rechtsphilosophie Kants, deren Einfluß auf die Würde-Konzeption des Grundgesetzes beträchtlich ist, spielt sie eine grundlegende, dem Individualaspekt in gewissem Sinn sogar übergeordnete Rolle.[25]

---

lungen schutzgeeignet sind, keine von ihnen notwendige, aber jede von ihnen bereits hinreichende Bedingung der Normerfüllung. Zur ganzen Analyse *Alexy*, a.a.O., S. 420 ff.

22 Aus der Judikatur des BVerfG z.B. BVerfGE 39, 1 (42, 44) (1. Fristenlösungsurteil), E 46, 160 (164) (Schleyer-Urteil) sowie E 88, 203 (254) (2. Fristenlösungsurteil). Aus der Lit. statt vieler *Jarass/Pieroth*, GG-Kommentar, 5. Aufl. 2000, Rnr. 6 vor Art. 1; *Alexy*, a.a.O., S. 421 f.

23 So der vom BVerfG in ständiger Rspr. verwendete Terminus; s. etwa BVerfGE 39, 1 (41). – Daß sich diese Figur, die vielerlei Einwänden ausgesetzt ist, als Theorie systematisch aufeinander bezogener oberster *Prinzipien* rational rekonstruieren läßt, hat *Alexy* gezeigt (a.a.O., S. 130 ff., 134 ff.) An der Bezeichnung hängt nichts. Ich verwende „Wertordnung" daher hier mit der rationalen Rückendeckung durch Alexys Rekonstruktion.

24 BVerfGE 87, 209 (228).

25 S. *Kant*, Metaphysik der Sitten, Tugendlehre, in: Kants Werke, Akademieausgabe Bd. VI, 1907, S.462: „Die Menschheit selbst ist die Würde"; anschließend Betonung der Pflicht, „die Würde der Menschheit an jedem anderen Menschen praktisch anzuerkennen". – Zur „noch heute fortwirkenden Prägekraft" von Kants Würdekonzeption (aber auch zu ihren spezifisch juristischen Grenzen) *Dreier*, in *ders.* (Hg.), GG-Kommentar Bd. I, 1996, Rnr. 11 ff. zu Art. 1. Zu den beiden Bedeutungen des Würde-Begriff in der

Dieses gattungsbezogene Würdekonzept ist ein objektiv-rechtliches Derivat aus Art. 1 Abs. 1 GG. Es schützt nicht fundamentale Belange des Einzelnen, sondern ein normativ-symbolisches Bild der Menschheit von sich selbst – in aller Unschärfe und Wandelbarkeit, die einem solchen Bild im Wechsel der Zeiten und Kulturen notwendig anhaften. Es verpflichtet den Staat vor allem zur Abwehr von Entwicklungen, die die „Unverwechselbarkeit" der Spezies homo sapiens bedrohen und damit zugleich die Möglichkeit jedes Menschen zur Identifikation mit der Gattung, der er angehört. Substantielle Eingriffe in dieses Menschheitsbild sind auch dann unzulässig, wenn durch sie kein Individuum beeinträchtigt wird. Als hauptsächliche Beispiele werden das reproduktive Klonen von Menschen, der „verbessernde" genetische Eingriff in die menschliche Keimbahn und ähnliches genannt.[26] Aber auch der gebotene postmortale Schutz, das Verbot eines unwürdigen Umgangs mit Leichen etwa oder der nachwirkende Schutz von Persönlichkeitsrechten wie Ehre und Ansehen sind weitaus plausibler hier, im nur objektiv-rechtlichen Bereich des Art. 1 Abs. 1 anzusiedeln als im subjektiv-rechtlichen des Grundrechts.[27]

---

philosophischen Tradition *Horstmann*, Art. „Menschenwürde", in: Histor. Wörterbuch der Philosophie, Bd. 5, 1980, Sp. 1123 ff. (1124); *Birnbacher*, Gefährdet die moderne Reproduktionsmedizin die menschliche Würde?, in: *Leist* (Hg.), Um Leben und Tod, 1990, S. 266 ff.(268 f.); *Bayertz*, Die Idee der Menschenwürde: Probleme und Paradoxien, in: Archiv für Rechts- und Sozialphilosophie, 81 (1995), 465 ff. (471 ff.).

26 S. dazu etwa *Höfling*, in *Sachs* (Hg.), GG-Kommentar, 2. Aufl. 1999, Rnr. 23, 42.

27 Das ist im Verfassungsrecht nicht unbestritten; z.T. wird eine fortbestehende Grundrechtssubjektivität nach dem Tod angenommen; s. etwa *Höfling*, a.a.O., Rnr. 53 f. (m.w.N.); zutr. dagegen *J. Ipsen*, Staatsrecht II (Grundrechte), 4. Aufl. 2001, Rnr. Rnr. 214 (m.w.N.). – Die Annahme einer postmortal aktuellen Grundrechtsträgerschaft zieht sich unlösbare metaphysische Paradoxien zu; dazu etwa *Feinberg*, Harm to Others (The Moral Limits of the Criminal Law, Vol. 1), 1984, S. 79 ff. Zudem: Schützt man Leichen als subjektiv-rechtliche Inhaber einer („unantastbaren"!) Menschenwürde, dann werden zahlreiche unbestritten zulässige Formen des Umgangs mit ihnen unerklärlich: die Möglichkeit einer Autopsie bei Verbrechensverdacht (auch *gegen* den etwa zuvor erklärten Willen des Verstorbenen), die Organentnahme, die Zerstückelung zu rein didaktischen Zwecken im Anatomieunterricht, und anderes. Oder: wer würde im Ernst die Aufbewahrung des vor Jahren im Ötztal gefundenen, als „Ötzi"berühmt gewordenen Leichnams als Museums- und Forschungsobjekt unter Hinweis auf ein *gegenwärtiges subjektives Grundrecht* des vor Tausenden von Jahren Verstorbenen für verboten erklären wollen? - Die zutreffende Auffassung, wonach in solchen Fällen nur die „Spezieswürde" Schutzgut sei, spiegelt sich wider in der herrschenden Auffassung der Strafrechtslehre zu § 168 StGB (Störung der Totenruhe): Das Verbot „beschimpfenden Unfugs" an Leichen gründet im Schutz der Pietät, also im Interesses aller *Lebenden* an der Unversehrtheit des Menschenbildes, nicht aber im subjektiv-rechtlichen Schutz des Toten; s. statt aller *Lackner/Kühl*, StGB-Kommentar, 24. Aufl., 2001, § 168 Rnr. 1.

Diese rein objektive Funktion des Menschenwürdesatzes deutlich zu profilieren, ist aus zwei Gründen wichtig: Zum einen eröffnet sie ersichtlich das Risiko von Verwechslungen mit einem Teil der subjektiv-rechtlichen Gehalte des Art. 1 Abs. 1 GG, nämlich den (auch) objektiven grundrechtsbezogenen Schutzpflichten.[28] Zum andern zeigt sie, daß es jedenfalls einen beliebigen Umgang mit menschlicher physischer Substanz nicht geben kann, selbst wenn diese nicht (mehr) der Körper einer grundrechtsgeschützten Person sein sollte. Auf der Hand liegt freilich auch, daß der bloß objektiv-rechtliche, speziesbezogene Schutzreflex aus Art. 1 Abs. 1, anders als das „unantastbare" subjektive Grundrecht, weitreichenden Abwägungen und Einschränkungen zugänglich und ihrer auch bedürftig ist.

2. In den Leitsätzen der beiden Fristenlösungs-Entscheidungen erstreckt das BVerfG eine aus Art. 1 Abs. 1 und 2 Abs. 2 S. 1 abgeleitete staatliche Schutzpflicht unmißverständlich auch auf das „ungeborene" bzw. „das sich im Mutterleib entwickelnde" menschliche Leben. Welchen Typus von Schutzpflicht – den grundrechtsbezogenen, subjektiv-rechtlich flankierten oder den *bloß* objektiv-rechtlichen? Angesichts des Nachdrucks der Formulierungen beider Urteile mag die Frage erstaunlich anmuten. Sie wird aber vom Senat der ersten Entscheidung selbst aufgeworfen. Die Form, in der das geschieht, legt freilich schon erste Zweifel an der Konsistenz der verfassungsgerichtlichen Argumente zum Status des Embryos nahe: „Hingegen braucht die im vorliegenden Verfahren wie auch in der Rechtsprechung und im wissenschaftlichen Schrifttum umstrittene Frage nicht entschieden zu werden, ob der nasciturus selbst Grundrechtsträger ist oder aber wegen mangelnder Grundrechtsfähigkeit 'nur' von den objektiven Normen der Verfassung in seinem Recht auf Leben geschützt wird."[29]

Das ist eine irritierende Bemerkung. „*Sein*" Recht auf Leben – und er selbst gleichwohl möglicherweise kein Grundrechtsträger? Ein Recht auf Leben, das zwar *jemandes* Recht und auch *von der Verfassung* geschützt, aber dennoch vielleicht kein subjektives Grundrecht ist – was wäre das: ein Recht auf Leben zweiter Klasse? Auch bleibt das Gericht die Aufklärung darüber schuldig, wie und warum eine objektiv-rechtliche Schutzpflicht zugunsten eines Wesens X aus Grundrechten abzuleiten wäre, die X (möglicherweise) gerade *nicht* zustehen.[30]

---

[28] Ein solcher Fehler unterläuft in der gegenwärtigen Diskussion um den rechtlichen Embryonenschutz z.B. *Faßbender*, NJW 2001, 2745 (2750); s. dazu unten der Text zu Anm. 30 ff.

[29] BVerfGE 39, 1 (41).

[30] Es käme ja auch niemand auf die Idee, die objektive Schutzpflicht zugunsten von Tieren aus den Grundrechten abzuleiten. Gewiß mag man, wie es Kant getan hat, diese Schutzpflicht als Gebot unserer eigenen „Gattungswürde" auffassen; das hätte aber ersichtlich zur Folge, daß *dieser* Tierschutz nichts anderes als Menschen(würde)schutz wäre; damit wäre der Grundrechtsbereich selbstverständlich eröffnet.

3. Dieses unstimmige Offenlassen des Grundrechtsstatus von Embryonen hat in der verfassungsrechtlichen Literatur eine lange Spur der Mißdeutungen gezogen, die bis in die gegenwärtige Diskussion um die verbrauchende Embryonenforschung reicht. Auch dort inspiriert es noch immer Argumente, die nicht haltbar sind. Das zeigen zwei Beispiele aus jüngster Zeit.

a) Aus den zutreffend festgestellten Prämissen, daß es (*erstens*) bei der Frage des Schutzes von menschlichem Leben und menschlicher Würde gegen Verletzungen seitens Dritter um objektive Schutzpflichten – die sog. Drittwirkung von Grundrechten – gehe und daß (*zweitens*) das BVerfG die Frage des Grundrechtsstatus von Embryonen ausdrücklich offengelassen habe, zieht *Faßbender* den Schluß, der Embryonenschutz sei nach verfassungsgerichtlicher Judikatur eine staatliche Pflicht, die „'*nur'* über den *objektiv-rechtlichen* Gehalt der Grundrechte vermittelt" werde und kein subjektiv-rechtliches Pendant habe. Auch das BVerfG habe demnach, so der Autor, „eine subjektiv-rechtliche Verbürgung der Grundrechte des Embryos" abgelehnt. Eine „subjektiv-rechtliche Grundrechtsposition" habe der Embryo daher nicht. Deshalb gebe es keine durchschlagenden verfassungsrechtlichen Bedenken gegen die Präimplantationsdiagnostik.[31]

Kein Einwand gegen das Ergebnis. Falsch ist aber die Begründung. Der Schluß von der objektiven Schutzpflicht auf eine „*nur* objektiv-rechtlich vermittelte" Pflicht ist irrig. Den grundrechtsbezogenen objektiven Schutzpflichten entsprechen, wie ich oben skizziert habe, zugleich subjektive Rechte des Geschützten, die den Grundrechten selbst als genuiner Bestandteil zuzuordnen sind. Sie setzen somit den Status des Geschützten als *Grundrechtsträger* voraus. Schon aus logischen Gründen kann man nicht von einer „bloß" objektiven staatlichen Schutzpflicht *für das Grundrecht auf Leben* aus Art. 2 Abs. 2 GG sprechen, ohne damit den so Geschützten eo ipso zum Inhaber eben dieses subjektiven Grundrechts zu erklären. Was aus Art. 2 Abs. 2 wäre denn sonst der Gegenstand des („bloß" objektiven) Schutzes? Ein Recht ohne Inhaber?

Genauso wenig kann man, wie es *Faßbender* tut, vom Problem der „Drittwirkung der Grundrechte" sprechen, also vom Schutz grundrechtlicher Rechtsgüter gegen Angriffe Privater, ohne dabei diese Drittwirkung zwingend als eine zwischen zwei Grundrechträgern vorauszusetzen. „Drittwirkung" bezeichnet immer die grundrechtliche Wirkung auf das Verhältnis zweier Grundrechtssubjekte. Es käme ja jenseits der Embryonendebatte niemand ernsthaft auf die Idee, das Verbot der Tötung von Nicht-Grundrechtsträgern, etwa von Wirbeltieren (§ 17 TierSchG), als eine Frage der Drittwirkung der Grundrechte zu beurteilen.

---

[31] *Faßbender*, NJW 2001, 2745 ff., die Zitate S. 2750, 2749, 2750. – Schon hier wäre an Faßbender die gleiche Frage zu richten wie an das BVerfG: Was das denn sein solle – „Grundrechte" *ohne* „subjektiv-rechtliche Verbürgung" (also Grundrechte ohne Inhaber)?

Schließlich: Der von *Faßbender* betonte Hinweis des BVerfG auf den *weiten Spielraum* des Gesetzgebers für die konkrete Ausgestaltung des grundrechtlich gebotenen Schutzes hat mit der Frage des Grundrechtsstatus des Embryos nichts zu tun.[32] Dieser Status ist für jenen Spielraum logische Bedingung. Aus dessen Weite läßt sich daher nicht, wie Faßbender offenbar glaubt, ein Argument dafür gewinnen, es gehöre eben auch (noch) zu diesem Spielraum, den Status des Embryos als den eines Nicht-Grundrechtsträgers festzulegen. Ganz im Gegenteil: Eine grundrechtsbezogene Pflicht zum Schutz – mag ihr „Spielraum" so groß sein, wie man will – wird jedenfalls nicht dadurch erfüllt, daß man den Status des Schutzobjekts *als eines solchen* rechtlich beseitigt. Wer die Pflicht hat, das Rechtsgut des Grundrechts auf Leben gegen Dritte zu schützen, und wäre es „nur objektiv", der muß dabei den Status des Geschützten als den eines Grundrechtssubjekts stets voraussetzen und darf ihn keinesfalls antasten; denn damit würde er das Rechtsgut Leben nicht mehr als *Grundrechtsgut* schützen, sondern als solches zugleich mit dem Status seines Inhabers beseitigen. Es ist die stärkste Form der Nichterfüllung einer Pflicht, sie abzuschaffen, indem man ihren Gegenstand (rechtlich) beseitigt. Auch dies ist keine Frage der Wertung, sondern der Logik.

Sind also Embryonen, wie *Faßbender* annimmt, keine Grundrechtssubjekte, dann *kann* es bei ihrem „bloß objektiven" Schutz nicht um den des grundrechtlichen Rechtsguts aus Art. 2 Abs. 2 und ebensowenig um die Frage der „Drittwirkung" von Grundrechten gehen. Geht es aber genau darum, wie Faßbender ebenfalls annimmt, dann *müssen* Embryonen Grundrechtssubjekte sein. Faßbenders Begründungsstrategie ist daher logisch inkonsistent.

b) Anders argumentiert *Jörn Ipsen*.[33] Auch er konstatiert eine aus Art. 1 Abs. 1 GG abgeleitete, aber nur objektiv-rechtliche Pflicht des Staates zum Schutz von Embryonen. Deren Grundrechtssubjektivität bestreitet er: Sie sei mit dem geltenden, vom BVerfG als verfassungsgemäß akzeptierten Recht zur Abtreibung nicht zu vereinbaren. Aber er vermeidet den Fehler *Faßbenders* und kennzeichnet diese Pflicht nicht als eine zum (objektiven) Schutz des subjektiven Grundrechts. Vielmehr rechnet er sie ausdrücklich dem oben erörterten dritten Normtypus zu: den Pflichten mit *nur* objektiv-rechtlicher Gewährleistung. Und er verdeutlicht diese Zuordnung einleuchtend an dem exemplarischen Fall jenes Normtypus: den postmortalen „Nachwirkungen" der Menschenwürde für den Umgang mit Leichen, die eben keine Grundrechtssubjekte mehr sind.[34]

(1) Das ist schlüssig und in der Sache überzeugend. Freilich ist es mit den beiden Urteilen des BVerfG nicht in Einklang zu bringen. Deutlicher noch als die erste

---

32 *Faßbender*, a.a.O., S. 2750 f.

33 *J. Ipsen*, JZ 2001, 989 ff.

34 *J. Ipsen*, a.a.O., S. 993.

von 1975 zeigt das die zweite Entscheidung von 1993.[35] *Ipsen* will diese Konsequenz nicht ziehen. Er begründet das mit einer Wendung, die an Palmströms berühmte Weisheit erinnert, das nicht sein könne, was nicht sein darf: Die Position, der Embryo sei Subjekt der Menschenwürde, sei „vom BVerfG weder im ersten noch im zweiten Abtreibungsurteil *expressis verbis* vertreten worden und hätte nur um den Preis eines evidenten inneren Widerspruchs vertreten werden können."[36]

Versteht man unter „Position, die ein anderer vertreten hat" das, was dieser andere als seine Auffassung kundgetan hat, so ist *Ipsens* Behauptung über die Position des BVerfG zum grundrechtlichen Subjektstatus des Embryos demonstrierbar unrichtig. Der Hinweis auf das Fehlen einer ausdrücklichen Bekräftigung dieses Status „*expressis verbis*" ist nur der Griff nach dem Strohhalm jener oben zitierten, schon in sich unschlüssigen Bemerkung aus BVerfGE 39, 41, in der das Gericht meint, auch ohne eine solche ausdrückliche Bekräftigung auskommen zu können. Aber der Senat widerspricht dieser Indifferenz und damit sich selbst schon wenige Seiten später mit Nachdruck: „Jedes menschliche Leben – auch das erst sich entwickelnde Leben – ist als solches gleich wertvoll und kann deshalb keiner irgendwie gearteten unterschiedlichen Bewertung [...] unterworfen werden." (S. 59) Daraus folgt zwingend und im Modus des erst-recht-Schlusses, daß die fundamentalste aller Bewertungenen, die der Zuerkennung eines Status als Grundrechtssubjekts, zwischen geborenem und ungeborenem Leben keinesfalls unterschiedlich ausfallen darf. Die zweite Abtreibungsentscheidung (1993) formuliert das als ihr Fundament, wie wir sogleich sehen werden, nicht weniger unmißverständlich. *Ipsens* Versuch, das BVerfG vor dem Attest eines „evidenten inneren Widerspruchs" zu bewahren, und zwar auch um den Preis einer ebenso evidenten Umdeutung der verfassungsgerichtlichen „Position", ist verständlich und mag als noble Geste aufgefasst werden. Akzeptabel ist er nicht.

Das hat vor allem den folgenden Grund[37]: Wer einen solchen Widerspruch unbedingt bestreiten will und daher dessen mögliches Vorliegen nicht eingehend prüft, der versäumt die notwendige Auseinandersetzung mit den Konsequenzen, sollte dieser Widerspruch am Ende doch gegeben sein. Denn wäre dies der Fall, so müßte geklärt werden, welcher der beiden kollidierenden Teile des Widerspruchs in seinem Geltungsanspruch zu weichen hat, da aus logischen Gründen nicht beide nebeneinander Bestand haben können. Konkret: Dann wäre keineswegs evident, daß Ipsens Behauptung zuträfe, der Embryo könne wegen der vom BVerfG akzeptierten Abtreibungsregelung keinen grundrechtlichen Subjektstatus haben. Vielmehr könnte es sich genau umgekehrt verhalten: Das Akzeptieren der Abtrei-

---

[35] Dazu sogleich nachfolgend im Text unter 2.

[36] *J. Ipsen*, JZ 2001, S. 992, Hervorhebungen ebda.

[37] Von dem Umstand abgesehen, daß man in so hochumstrittenen Fragen für die eigene Auffassung besser keine unplausiblen Bundesgenossenschaften reklamiert.

bungsregelung seitens des Gerichts könnte zu streichen sein, weil diese mit jenem Subjektstatus unvereinbar und daher verfassungswidrig wäre.[38]

(2) Schon der erste Leitsatz aus BVerfGE 88, 203 widerspricht Ipsens Befund eindeutig: „Menschenwürde kommt schon dem ungeborenen menschlichen Leben zu." Also: nicht aus dem rein objektiv-rechtlichen Gesichtspunkt des Schutzes unser aller (Gattungs-)Menschenwürde müsse der Staat den Embryo schützen (wie etwa Leichen), sondern weil diesem selbst Menschenwürde zukomme. Es ist nicht zu sehen, was das sein sollte, wenn nicht genau das, was nach Art. 1 Abs. 1 auch allen anderen Menschen zukommt. Der zweite Leitsatz unterstreicht dies ausdrücklich: „Die Schutzpflicht für das ungeborene Leben ist bezogen auf das einzelne Leben, nicht nur das Leben allgemein." Unmißverständlich dann zu Art. 2 Abs. 2 GG: „Die Rechtsordnung muß die rechtlichen Voraussetzungen seiner [d.i. des ungeborenen menschlichen Lebens] Entfaltung im Sinne *eines eigenen Lebensrechts des Ungeborenen* gewährleisten. Dieses Lebensrecht wird nicht erst durch die Annahme seitens der Mutter begründet." Es ist ausgeschlossen, das anders zu interpretieren als im Sinne der Zubilligung eines subjektiven Grundrechts auf Leben aus Art. 2 Abs. 2 S. 1, den das Gericht als Grundlage seiner Deduktion auch ausdrücklich benennt. Auf S. 252 heißt es dann in den Gründen: „Dieses Lebensrecht, das [...] dem Ungeborenen schon aufgrund seiner Existenz zusteht, ist das elementare und unveräußerliche Recht, das von der Würde des Menschen ausgeht [...]."[39]

(3) Wie zu bestreiten wäre, daß in all diesen Bemerkungen von einem echten subjektiven Grundrecht die Rede ist, vermag ich nicht zu sehen. Argumente, die dem Urteil eine andere Meinung des Gerichts entnehmen oder unterschieben wollen, sind daher aussichtslos.

4. Noch nicht geklärt ist allerdings, ob das BVerfG die bisher erörterten Gründe für den verfassungsrechtlichen Subjektstatus des Embryos auf *alle* Phasen der

---

[38] Genau diese Position vertreten viele juristische (nicht bloß weltanschauliche) Gegner der gegenwärtigen Regelung in § 218 a StGB, und zwar unter nachdrücklicher Berufung auf die *eine* und dezidierter Ablehnung der *anderen* Seite dessen, was sie als „Grundwiderspruch" des zweiten Fristenlösungsurteils bezeichnen. S. etwa *Tröndle,* NJW 1995, 3009 ff. (3010); *ders.* in: *Tröndle/Fischer*, StGB-Kommentar, 49. Aufl. 1999, Rnr. 14 a vor § 218 (m. zahlr. w. N.); SK-*Rudolphi*, 6. Aufl., 50. Lieferung (Stand April 2000), Rnr. 38 ff. vor § 218 (m.w.N.); außerdem zahlreiche Beiträge in der ZfL (seit 1991) und der „Schriftenreihe der Juristen-Vereinigung Lebensrecht". Diese Auffassung gänzlich zu ignorieren, ist eine Folge von Ipsens Deutung.

[39] Auch an anderen Stellen bekräftigen die Gründe mehrfach die Position der zitierten Leitsätze, und zwar ebenfalls mit einem Nachdruck, der jeden vernünftigen Zweifel ausschließt; vgl. etwa S. 251.

embryonalen Entwicklung ab der Kernverschmelzung der beiden Keimzellen bezogen wissen wollte. Die Frage ist für das Problem der Forschung an embryonalen Stammzellen von offensichtlich erheblicher Bedeutung. Denn diese werden dem Embryo im frühesten Blastozystenstadium, nämlich am 5. Tag seiner Entwicklung entnommen.[40] Ist er nach den Direktiven des BVerfG auch da schon als Grundrechtssubjekt geschützt?

a) Eine unbefangene Lektüre der beiden Entscheidungen legt dies nahe. Zweifelhaft wird es durch § 218 Abs. 1 S. 2 StGB. Er klassifiziert Handlungen, die den Embryo *in vivo* vor dem Abschluß seiner Nidation im Uterus abtöten, nicht als Schwangerschaftsabbruch und stellt sie damit rechtlich frei. Das BVerfG hat diese Regelung ausdrücklich als „verfassungsrechtlich unbedenklich" akzeptiert.[41] Damit liegt sofort die weitere Erwägung nahe, daß *alle* Embryonen im pränidativen Alter, also etwa bis zum Abschluß des 13. Tages nach ihrer – *in vivo* oder *in vitro* – erfolgten Befruchtung vom Grundrechtsschutz des Lebens und der Menschenwürde ausgenommen werden sollten.[42]

b) Gleichwohl dürfte dies nicht der Auffassung des BVerfG entsprechen. Das wird deutlich, wenn man die tragenden Gründe der beiden Entscheidungen über das bisher Zitierte hinaus genauer betrachtet. Die prinzipiellen Argumente des Gerichts für die Grundrechtssubjektivität des embryonalen Lebens lassen für die Frage ihrer Anwendbarkeit keine sinnvolle Unterscheidung zwischen prä- und postnidativer Entwicklung zu. Lediglich im Hinblick auf den förmlichen Gegenstand seiner Prüfung beschränkt sich das Gericht naturgemäß auf die ihm jeweils vorgelegten Gesetzesentwürfe und widmet deshalb der in beiden Verfahren ungerügten Ausklammerung des Präimplantations-Embryos keine weitergehende Betrachtung. Doch beziehen sich die tragenden Argumente eindeutig auch auf ihn. In der verfassungsrechtlichen Literatur besteht daher weitgehend Einigkeit, daß nach den Kriterien des BVerfG in der Frage der Grundrechtssubjektivität eine solche

---

40 S. *National Institutes of Health* (U.S.A.), Report – Stem Cells: Scientific Progress and Future Research Directions, 2001, S. 13.

41 BVerfGE 88, 203 (251).

42 Hier und im folgenden ist mit „Präimplantations-" oder „Pränidationsstadium" die Zeit vor der Nidations*reife* gemeint (da in vitro erzeugte Embryonen ja möglicherweise überhaupt nicht implantiert werden). Embryonen in diesem frühesten Stadium werden in der internationalen Diskussion oft als „pre-embryos" bezeichnet. Ob das die Klärung der normativen Probleme fördert, ist zweifelhaft. Jedenfalls können die ethischen wie die rechtlichen Sachprobleme nicht dadurch gelöst werden, daß man einfach eine neue Definition einführt. Zu dieser Terminologie und ihren sachlichen Gründen *Jones/Telfer*, Before I Was an Embryo, I Was a Pre-Embryo: Or Was I?, in: Bioethics 9 (1995), 32 ff., *Mori*, On the Concept of Pre-embryo, in: *Harris/Holm* (Hg.), The Future of Human Reproduction, 2000, S. 38 ff.

Unterscheidung zwischen Prä- und Postnidationsphase der embryonalen Entwicklung nicht gemacht werden könne.[43]

c) Daher erklärt die vorherrschende Lehre im Strafrecht diesen vollständigen Rückzug des Strafrechtsschutzes vom Präimplantations-Embryo nicht materiellrechtlich, sondern mit den unlösbaren Beweisproblemen, die durch eine tatbestandliche Erfassung schon der pränidativen Phase typischerweise entstünden.[44] Gewiß mag man hier fragen, wieso in einem Bereich so fundamentaler Grundrechte wie dem des Lebens und der Menschenwürde Beweisprobleme den gänzlichen Rückzug des Rechts und nicht bloß ihre vom Grundsatz des „in dubio pro reo" programmierten negativen Ergebnisse hinnehmbar machen. Doch mag das hier offenbleiben.[45] Denn jedenfalls hat das BVerfG diesen Rückzug akzeptiert.

d) Das Beweisnot-Argument hätte jedoch für die Stammzellgewinnung aus invitro-fertilisierten Embryonen kein Gewicht. Handelt es sich beim frühesten Stadium einer Schwangerschaft um einen Sachverhalt, der der Wahrnehmung Dritter, ja der Schwangeren selbst praktisch vollständig entzogen ist, so trifft dies für eine aufwendige Forschungstätigkeit im Labor offensichtlich nicht zu. Ein verbotener Verbrauch auch frühester Embryonen vor dem 13. Tag ihrer Entwicklung wäre hier den Ermittlungs- und Nachweismethoden im üblichen Rahmen zugänglich. Die prinzipiellen Argumente des BVerfG in den Abtreibungsentscheidungen erfassen auch dieses embryonale Stadium als grundrechtlich geschütztes. Somit

---

43 Vgl. *Enders*, Die Menschenwürde in der Verfassungsordnung, 1997, S. 493 f.; *Rüfner*, in: *Isensee/Kirchhof* (Hg.), Handbuch des Staatsrechts der Bundesrepublik Deutschland, Bd. V. 2000, , § 116 Rnr. 17; *Lorenz*, ebda., Bd. VI 2001, § 128 Rnr. 10; *Isensee*, NJW 1986, 1645 ff.; *Graf Vitzthum*, JZ 1985, 201 (209), jeweils m.w.N.; s. auch *Dreier*, in: *ders.* (Hg.), GG-Kommentar, Bd. I 1996, Art. 1 I Rnr. 47, Anm. 110 Rnr., der die Grundrechtssubjekt-These des BVerfG ablehnt, aber nach deren Kriterien eine Differenzierung zwischen Prä- und Postimplantations-Embryo ebenfalls für unbegründbar hält.

44 Ganz h.M.; statt aller *Lackner/Kühl*, Kommentar zum StGB, 24. Aufl. 2001, Rnr. 8 zu § 218 (m.w.N.).

45 Zu einer plausibleren (materiellen) Begründung, die an die bis zur Nidation noch mögliche Zwillingsbildung und damit an den noch nicht endgültigen Abschluß der Individuierung des Embryos anknüpft und freilich schon deshalb die Zuschreibung subjektiver Grundrechte in dieser frühesten Phase des Lebens verneint, s. *Merkel*, Extrem unreife Frühgeborene und der Beginn des strafrechtlichen Lebensschutzes, in: *Orsi et al* (Hg.) Rechtsphilosophische Hefte VIII, Medizin – Ethik – Recht, 1998, 103, 141; dieses Argument (neben dem der Beweisprobleme) auch bei SK-*Rudolphi,* Rnr. 10 vor § 218 (m.w.N.). Jedenfalls diese Sicht der Dinge wird übrigens außerhalb Deutschlands durchaus auch von der katholischen Moraltheologie geteilt; vgl. dazu die wohl umfassendste philosophische Analyse des Problems aus christlich-theologischer Sicht von *Ford*, When did I begin?, 1988, S. 181 f.

kann aus dem Akzeptieren des § 218 Abs. 1 S. 2 StGB, also der rechtlichen Schutzlosigkeit von Präimplantations-Embryonen, nicht geschlossen werden, die Tötung pränidativer „Forschungsembryonen" im Labor würde vom BVerfG ebenfalls gebilligt. Die eigenen Grundlagenargumente des Gerichts dürften ihm im Gegenteil schwerlich gestatten, die Stammzellforschung schon und allein deshalb zu akzeptieren, weil dabei nur Embryonen *vor* dem Zeitpunkt ihrer möglichen Nidation verbraucht würden.[46]

e) Der gegenwärtige Zusammenhang mag der Ort für die Bereinigung eines Mißverständnisses sein, das immer wieder durch die öffentliche Diskussion über die Embryonenforschung vagabundiert. Von deren Befürwortern wird nicht selten das folgende Argument vorgetragen: Die Zulässigkeit nidationshemmender Mittel, vor allem sog. Spiralen, zeige, daß die Rechtsordnung die Tötung frühester Embryonen gestatte. Denn solche Mittel verhindern bekanntlich nicht die Entstehung von Embryonen, sondern deren Einnistung in die Uterusschleimhaut. Daher sollte, so das Argument, aus Gründen der normativen Konsistenz auch eine Tötung von Embryonen zugunsten hochrangiger Forschungsziele erlaubt sein.

Die Überlegung ist freilich schief und verkürzt das Problem. Denn die Verhinderung der embryonalen Nidation durch eine Spirale stellt sich dem genaueren Blick normativ nicht als aktive Tötung, sondern als bloße Unterlassung dar: als Verweigerung der Aufnahme des Embryos in die für ihn lebenserhaltende Sphäre. Daß die Spirale, die dies bewirkt, zuvor aktiv eingesetzt wurde, ändert daran nichts. Es bedeutet lediglich, daß die Mutter des Embryos ihm jene lebenserhaltende Sphäre – die ihres eigenen Körpers – verschließt, sie ihm vorenthält, kurz: es unterläßt, sie ihm zur Verfügung zu stellen. Zur Veranschaulichung: Man denke sich jemanden, der, in seiner Berghütte sitzend, während eines Schneesturms beobachtet, wie ein verirrter Wanderer in dem offensichtlichen Bestreben, sich vor dem Sturm zu retten, auf die Hütte zuläuft. Deren Inhaber, dem diese Absicht mißfällt, steht auf, geht zur Tür und verschließt sie. Der Wanderer versucht vergeblich einzudringen und kommt schließlich im Sturm ums Leben. Gewiß hat der Hüttenbesitzer aktiv gehandelt, nämlich seine Tür verschlossen. Diese Aktivität war nach allgemeinen Regeln auch (mit)ursächlich für den Tod des Wanderers. Es besteht aber gleichwohl kein Zweifel, daß sie rechtlich nicht als aktiver Totschlag, sondern nur als Unterlassen einer lebensrettenden Hilfeleistung zu beurteilen ist. In dieser normativen Struktur ist das Beispiel ersichtlich genau deckungsgleich mit dem Fall der Verwendung einer Spirale, nämlich der Verhinderung des lebensrettenden Eindringens des Embryos in den Uterus: In beiden Fällen organisiert jemand seinen eigenen Zuständigkeitsbereich (aktiv) so um, daß dieser gegenüber „Eindringlin-

---

[46] Ähnlich *Böckenförde* (als Mitglied des erkennenden Zweiten Senats im zweiten Fristenlösungsurteil) in: *Geyer* (Hg.), Biopolitik, 2001, S. 112 f.

gen“ abweisend, also „passiv“ wird, nämlich jede Hilfe verweigert – kurz: unterläßt.[47]

Der direkte Schluß von der Zulässigkeit der Nidationshemmung auf die Zulässigkeit der aktiven Embryonentötung für die Forschung, ist daher unrichtig. Gewiß ließe sich, sofern man schon früheste Embryonen als Grundrechtsträger beurteilt, seitens der spiralverwendenden Frau eine Garantenpfllicht zur Überlebenshilfe für den von ihr immerhin (mit-)erzeugten Embryo begründen. Denn die Frau hat ihn in die Lage gebracht, in der er der Aufnahme in ihren Uterus zu seinem Überleben bedarf. Die Verletzung dieser Pflicht durch Verwendung einer Spirale mag man daher für moralisch tadelnswert und (entgegen § 218 Abs. 1 S. 2 StGB) für rechtlich sanktionierbar halten. Gleichwohl tötet die Frau den Embryo nicht aktiv, wie es im Rahmen der verbrauchenden Embryonenforschung mit ihm geschähe.

Richtig ist allerdings auch das folgende: Der Staat, der eine solche Prozedur unbeanstandet zuläßt, zieht damit von frühen Embryonen genau denjenigen Schutz zurück, der ihm gegenüber geborenen Menschen unstreitig grundrechtlich geboten ist. *Dafür* spielt die Frage, ob das tolerierte tödliche Verhalten ein aktives Tun oder ein Unterlassen ist, keine Rolle. Nähme die Rechtsordnung ein tödliches Unterlassen von Müttern gegenüber ihren *geborenen* Kindern – etwa in Fällen lebensbedrohlicher Krankheiten – reaktionslos hin, so läge darin zweifelsfrei eine Verletzung der staatlichen Schutzpflicht aus Art. 2 Abs. 2 GG. Daß der Staat eine solche Schutzpflicht gegenüber pränidativen Embryonen offensichtlich für nicht geboten hält, nicht dagegen, daß diese (per Spirale) ohnehin massenhaft aktiv getötet werden dürften, ist allerdings ein erstes Indiz für ihre rechtliche Exklusion aus dem Schutzbereich der Grundrechte. Nur sollte beides nicht miteinander verwechselt werden.

---

47 Genauer zu diesen Zusammenhängen *Merkel*, „Früheuthanasie“, 2001, S. 241 ff.

V. Die weiteren Maßgaben in BVerfGE 88, 203 und ihre rechtlichen Folgen

Aus der Feststellung des subjektiv-grundrechtlichen Schutzstatus auch für den frühesten Embryo leitet das Gericht im 4. seiner Leitsätze die zwingende Konsequenz ab, alle bloß „beratenen" (nichtindizierten) Abbrüche als rechtswidrig zu qualifizieren. In den Entscheidungsgründen fügt es diesem Verdikt freilich die folgenden verbindlichen Maßgaben für den Gesetzgeber an:[48]

1. Der Abtreibungsvertrag zwischen Arzt und Schwangerer, nach dem zitierten Leitsatz Nr. 4 eine Verabredung zur rechtswidrigen Tötung einer grundrechtsgeschützten Person, ist entgegen den §§ 134, 138 BGB wirksam;[49]
2. jede Nothilfe zugunsten des Embryos sei zu verbieten;[50]
3. die Schwangere hat für die Zeit des Abbruchs einen Anspruch auf Lohnfortzahlung; dieser werde von der Rechtswidrigkeit der Abtreibung nicht nur nicht ausgeschlossen, sondern von dem zugrundeliegenden Beratungskonzept nachgerade geboten;[51]
4. der Staat, der in den ersten drei Leitsätzen zum Schutz jedes einzelnen Embryos vor rechtswidriger Tötung verpflichtet wird, und zwar auch gegen die Mutter, wird – in Übereinstimmung mit dem vorgelegten SFHG von 1992[52] – anschließend außerdem dazu verpflichtet, „ein ausreichendes und flächendeckendes Angebot sowohl ambulanter als auch stationärer Einrichtungen zur Vornahme von Schwangerschaftsabbrüchen sicherzustellen".[53]
5. Fünf Jahre später unterstellt der 1. Senat im Urteil vom 27.10.1998 die ärztliche Tätigkeit des „beratenen" Schwangerschaftsabbruchs – nach den früheren

[48] Zur Bindungswirkung bzw. (in bestimmten Fällen) unmittelbaren Gesetzeskraft verfassungsgerichtlicher Entscheidungen § 31 BVerfGG i.V.m. Art. 94 Abs. 2 S. 2 GG. Bindend sind jedenfalls der jeweilige Entscheidungstenor und die tragenden Gründe. Hierzu gehören die im folgenden zitierten Anordnungen: Nur *zusammen mit ihnen* akzeptiert das Gericht die „Beratungsregelung" als verfassungsgemäß.

[49] BVerfGE 88, 203 (295).

[50] A.a.O., S. 279. Dieses Verbot hat der Gesetzgeber übrigens in den §§ 218 a ff. StGB nicht ausgesprochen, mit der dogmatisch schwer abweisbaren Folge, daß Nothilfe gegen „beratene" Abtreibungen zulässig ist – falls diese wirklich, wie das BVerfG sagt, rechtswidrig sind.

[51] A.a.O., S. 324; zur Zulässigkeit der Kostenübernahme für den Abbruch durch die Sozialhilfe (da die Möglichkeit, den Abbruch durch einen Arzt vornehmen zu lassen, gesichert werden müsse), S. 321 f.

[52] Dort Art. 15 Nr. 2. In anderen Vorschriften wurde – den Vorgaben des BVerfG mehr oder weniger folgend – das SFHG durch das SFHÄndG geändert und ist in dieser Gestalt als SchKG (Schwangerschaftskonfliktgesetz) 1995 in Kraft getreten (BGBl I 1050).

[53] BVerfGE 88, 328 f.

Leitsätzen: des rechtswidrigen Tötens grundrechtsgeschützter Personen – ausdrücklich dem Grundrechtsschutz des Art. 12 GG.[54]

1. Keine dieser Anordnungen, von ihrer Gesamtheit zu schweigen, ist konsistent mit der Behauptung einer fortbestehenden Rechtswidrigkeit des „beratenen" Abbruchs zu vereinbaren. Das liegt auf der Hand und ist in der anschließenden wissenschaftlichen Diskussion selbstverständlich nicht unbemerkt geblieben.[55] Doch ist diese Feststellung für die Klärung der rechtlichen Folgen des Urteils noch nicht ausreichend. Hervorzuheben ist, daß die Kollision jedenfalls der unter 4. zitierten Anordnung mit dem vorherigen Rechtswidrigkeitsverdikt über den „beratenen" Abbruch für eine der beiden Normierungen zwingend destruktiv ist. Entweder ist die Anordnung des BVerfG selbst rechtswidrig oder der „beratene" Schwangerschaftsabbruch, auf den sie sich bezieht, ist es nicht. Eine gesetzlich bzw. verfassungsgerichtlich angeordnete staatliche Pflicht zur Bereitstellung einer ausreichenden Menge von Einrichtungen (strafrechtlich gesprochen: Beihilfe[56]) zur *massenhaften rechtswidrigen Tötung grundrechtsgeschützter Personen* auch nur mit den Fundamentalbedingungen des Rechtsstaats zu vereinbaren, ist offensichtlich ausgeschlossen. Deutlicher: sie ist schon normenlogisch unmöglich: Da die Beihilfe zur rechtswidrigen Haupttat hier zwingend selbst rechtswidrig ist[57], heißt diese Anordnung, knapp formuliert: Der Staat ist von Rechts wegen zum Unrecht verpflichtet. Das ist, sagt *Jakobs* treffend, „entweder als Aufforderung an den Staat zur Mitwirkung bei der Zerstörung der Struktur der Gesellschaft (nämlich des Rechts) ein – wörtlich – perverses Verlangen oder aber die Preisgabe des eben nur noch nominell durchgehaltenen Postulats der Rechtswidrigkeit des Abbruchs".[58] Die Kollision so deutlich zu formulieren heißt, sie entscheiden. Es ist *begrifflich* ausgeschlossen, den Selbstwiderspruch des BVerfG dadurch zu behe-

---

54 BVerfGE 98, 265.

55 Vgl. nur *Tröndle/Fischer*, Kommentar zum StGB, 49. Aufl. 1999, Rnr. 14 ff. vor § 218; *Eser*, in: *Schönke/Schröder*, Kommentar zum StGB, 26. Aufl. 2001, § 218 a Rnr. 14; SK-*Rudolphi*, Rnr. 38, 40 vor § 218; eindringlich *Jakobs*, in: Schriftenreihe JVL Nr. 17, 2000, 17, 37 („gewaltiger Selbstwiderspruch").

56 Daran ändert der Umstand, daß der „beratene" Abbruch nach der vom BVerfG verfassungsrechtlich gebilligten Regelung des § 218 a Abs. 1 keinen Straftatbestand erfüllt, selbstverständlich nichts. Nicht um *strafbare* Beihilfe (§ 27 StGB) geht es, wohl aber um *rechtswidrige* zum rechtswidrigen Handeln von Haupttätern. – Im übrigen: soweit Abbrüche in Kliniken mit *hoheitlicher* Trägerschaft vorgenommen werden, eine Möglichkeit, die das BVerfG ausdrücklich anerkennt (BVerfGE 88, 203 [329]), wären sie dem Staat sogar als *täterschaftlich* begangene rechtswidrige Taten unmittelbar zuzurechnen.

57 Genauer dazu sogleich unter 2.

58 *Jakobs*, JR 2000, 407.

ben, daß man ihn als Statuierung einer staatlichen Rechtspflicht zur Rechtswidrigkeit, also zur (partiellen) Unrechtsstaatlichkeit auffaßt.[59]

a) Dagegen läßt sich nicht einwenden, daß Beihilfe (hier die staatliche) zu rechtswidrigen Haupttaten durchaus ihrerseits rechtmäßig sein könne. Gewiß ist das denkbar. Sofern der Gehilfe nur mit einer Unterstützung der Haupttat deren Täter am Begehen einer wesentlich gravierenderen Tat zu hindern vermag, steht ihm ein Rechtfertigungsgrund zu (§ 34 StGB), und dem Haupttäter selbstverständlich nicht.[60] Schon daraus folgt, daß es keine Notstandsrechtfertigung für eine Beihilfe zur rechtswidrigen *Tötung* geben kann. Denn niemand kann rechtlich verpflichtet sein, das eigene Leben aus Solidarität zugunsten anderer, die ohne sein Zutun in Not geraten sind, zu opfern bzw. opfern zu lassen.[61] Eine andere Rechtfertigung für eine solche Beihilfe kommt ebenfalls nicht in Betracht. Nimmt man also mit dem BVerfG einen Grundrechtsstatus des Embryos an, dann ist die staatliche Beihilfe zur rechtswidrigen Abtreibung zwingend selbst rechtswidrig.

b) Diese Grundlagen stehen in der Notstandslehre außer Streit.[62]. Ist der Embryo Grundrechtssubjekt und muß seine Tötung daher, wie das BVerfG sagt, „für die

---

59 Ebenfalls Unrechtsteilnahme ist, setzt man die Rechtswidrigkeit der „beratenen" Abtreibung voraus, der gesetzliche Zwang zur Scheinerteilung nach der Beratung (§ 219 Abs. 2 S. 2 StGB, § 7 SchKG). Der Schein kann für die Schwangere nur eine Funktion haben: die Voraussetzung eines Abbruchs nach § 218 a Abs. 1 Ziff. 1 zu erfüllen (eine Schwangere, die nach der Beratung *nicht* abtreiben will, hat keine Verwendung dafür). Der Staat, der die Erteilung zwingend vorschreibt (§ 7 Abs. 3 SchKG) leistet daher Beihilfe zur Haupttat.

60 Beispiel: „Ein Täter verlange eine Axt zur Zertrümmerung einer fremden Sache und drohe glaubhaft, wenn er das Werkzeug nicht erhalte, werde er eine Geisel erschießen." (*Jakobs*, Schriftenreihe JVL 17, 2000, 23). Die Hingabe der Axt ist Beihilfe zur rechtswidrigen Sachbeschädigung, aber ihrerseits als aggressive Notstandstat zur Verhinderung eines Totschlags gerechtfertigt.

61 Die Situation hat also mit der Tötung eines rechtswidrig Angreifenden in Notwehr nichts zu tun. Notstandstaten zwingen Unbeteiligte zum solidarischen Opfer, Notwehrtaten verteidigen das Recht gegen seine Verletzer, also gegen das Unrecht. Gerade in der Debatte um unser Thema ist immer wieder folgendes öffentlich zu hören (lesen): Abtreibung geschehe eben in einer Notstandslage; sie beweise daher nichts gegen die Grundrechte des Embryos; denn in Notwehr dürfe schließlich auch getötet werden dürfe, ohne daß der Grundrechtsstatus des Getöteten zu bezweifeln sei. Das ist ein gänzlich verfehltes Argument. (Als wollte jemand aus dem Umstand, daß Gläubiger ihre säumigen Schuldner per Klageandrohung zur Zahlung nötigen dürfen, ein Recht zur Erpressung ableiten.).

62 Deshalb ist es befremdlich, daß ein so bekannter Verfassungsrechtler wie *Ernst Benda* zur Rechtfertigung der geltenden Abtreibungsregelung bei gleichzeitiger strikter Ablehnung jeder Embryonenforschung schreibt, „daß der Gesetzgeber nur in äußersten

ganze Dauer der Schwangerschaft [...] rechtlich verboten sein", so muß es auch jede staatliche Mitwirkung an dieser Tötung. Das BVerfG selbst hat daran, jedenfalls *in abstracto,* keinen Zweifel, wenn es in eben jenem zweiten Abtreibungsurteil schreibt: „Der Staat darf sich an der Tötung ungeborenen Lebens nicht beteiligen, solange er von der Rechtmäßigkeit dieses Vorgangs nicht überzeugt sein kann. Die Schutzkonzeption der Beratungsregelung läßt indes keinen Raum, dem Staat eine solche Überzeugung zu vermitteln."[63] Das Gericht scheint aber zu übersehen, daß die in seinen Urteilsgründen getroffenen oder bestätigten Anordnungen dem Staat gerade diese rechtswidrige Beteiligung an „beratenen" Abtreibungen verbindlich vorschreiben. Damit ist der selbstdestruktive Grundwiderspruch der Entscheidung fixiert: Eine Rechtspflicht zum Unrecht ist normenlogisch unmöglich.

c) Nun könnte der folgende Einwand naheliegen: Alle obigen Erwägungen zu den engen Grenzen der Solidaritätspflicht im Notstand beruhen auf der Voraussetzung, daß es sich dabei um eine Aggressivnotstandslage handelt, daß also ein für diese Lage Unzuständiger zu ihrer Behebung in Anspruch genommen wird. Beim Embryo in einer ungewollten Schwangerschaft handelt es sich aber nicht um einen Unzuständigen. Er ist ja in dem Konflikt gerade das Problem. Er mag es nicht geschaffen haben, aber er *ist* es eben. Die Schwangere befindet sich ihm gegenüber daher in einem *Defensivnotstand*; denn er ist für sie der Ursprung der Gefahr. Und deshalb dürfen ihm die Lasten der Gefahrbeseitigung in erheblich weiterreichendem Umfang aufgebürdet werden als einem Unbeteiligten im Aggressivnotstand. Selbst die Zulässigkeit seiner Tötung ist dann nicht ausgeschlossen, auch wenn er Grundrechtssubjekt sein sollte.[64]

Ausnahmefällen die Verletzung des 'Rechts auf Leben erlauben darf, [...] nämlich nur dann, wenn nur auf diese Weise das Leben eines anderen Menschen gerettet werden oder schwerste Gesundheitsgefahren von ihm abgewendet werden können (in: *Geyer* [Hg.], Biopolitik, 2001, S. 255 f.) Das darf der Gesetzgeber auch in solchen „äußersten Ausnahmefällen" auf gar keinen Fall. Wer dies bezweifelt, möge die Abwegigkeit seiner Skepsis an der Vorstellung einer Gesetzesnorm ermessen, die es erlaubte, *ihn*, den Zweifelnden, zu töten, damit „auf diese Weise das Leben eines anderen gerettet werden kann". Was Benda mit seiner Behauptung tut (die er ersichtlich nur an Tötungen im Abtreibungskonflikt überprüft), ist genau das, was er in abstracto für verfassungswidriges Unrecht erklärt: Er schließt den Embryo aus dem Kreis der Grundrechtssubjekte aus. Und man darf sich und ihn gewiß ohne jeden maliziösen Ton fragen, warum ihm ein solcher Satz, der im Hinblick auf geborene Menschen etwas nachgerade Ungeheuerliches behauptet, mit Blick auf den Embryo so glatt über die Lippen oder aus der Feder geht.

63 BVerfGE 88, 203 (316).

64 Nach der allgemeinen Abwägungsregel zum Defensivnotstand (§ 228 BGB) kann das geopferte „Eingriffsgut" (hier das embryonale Leben) bis zur Grenze der Unverhältnismäßigkeit erheblich gewichtiger sein als das gerettete „Erhaltungsgut" (die Interes-

Der Einwand führte, seine Richtigkeit vorläufig unterstellt, ersichtlich zu einer Rechtfertigung der „beratenen" Abtreibung selbst, nicht bloß der staatlichen Teilnahme daran. Er liegt also den Überlegungen des BVerfG, das ja die Rechtswidrigkeit solcher Abtreibungen betont, gerade nicht zugrunde. Daher soll er hier noch nicht behandelt werden. Ich komme unten auf ihn zurück: im Zusammenhang noch weiterer Argumente, die (anders als das BVerfG) im Schwangerschaftskonflikt – aber eben *nur* dann – eine Rechtfertigung der Tötung des Embryos bejahen, die so dessen Grundrechtsstatus trotz Rechtmäßigkeit der Abtreibung wahren und eine verbrauchende Stammzellforschung ausschließen wollen.

d) Aus all dem folgt: Die vom BVerfG teils akzeptierte, teils angeordnete Regelung des Schwangerschaftsabbruchs ist zu großen Teilen unvereinbar mit der Prämisse der Entscheidung: daß alle bloß „beratenen" Schwangerschaftsabbrüche wegen des Lebens- und Würdegrundrechts von Embryonen rechtswidrig seien und bleiben müßten.

3. Fraglich sind die rechtlichen Konsequenzen dieses Widerspruchs. Abtreibungsgegner entnehmen ihm die Verfassungswidrigkeit der Anordnungen des BVerfG und der von ihm gebilligten Regelungen zur Abtreibung, soweit sie mit den eigenen Leitsätzen des Gerichts zum Grundrechtsstatus des Embryos nicht zu vereinbaren sind.[65] Denn schließlich bezögen sich jene Anordnungen auf das einfache Recht, während der Inhalt der Leitsätze als Konkretisierung von Grundrechten Verfassungsrang habe. Das Argument wäre freilich nur dann schlüssig, wenn dieser Verfassungsrang, also die Grundrechtssubjektivität des Embryos, *unabhängig* von dem unrettbar widersprüchlichen Urteil des BVerfG begründet werden könnte. Denn dieses selbst gibt natürlich keinen Aufschluß darüber, welche seiner kollidierenden Positionen gültig und welche hinfällig ist.[66] Eine solche unabhängige Quelle für den Einbezug des Embryos in Art. 1 I und Art. 2 II S. 1 GG existiert aber nicht. Der Verfassungstext selbst sagt, wie wir oben gesehen haben, dazu nichts. Die einzige verfassungsrechtliche Quelle für den subjektiv-grundrechtlichen Schutz des Embryos sind die beiden Abtreibungsentscheidungen des BVerfG. Soweit die spätere von der früheren abweicht, ist nach dem allgemeinen

---

sen der Schwangeren). Zur Anwendbarkeit dieser Abwägungsregel auch im Rahmen des § 34 StGB (und zu abweichenden Auffassungen) s. *Roxin*, Strafrecht AT, Bd. 1, 3. Aufl. 1997, § 16/63 ff.

65 Vgl. z.B. *Büchner*, in: Schriftenreihe JVL Nr. 15, 1998, S. 9, 12 ff.; *ders.* in: ZfL 1999, 60 f.; *ders.*, in: Schriftenreihe JVL Nr. 17, 2000, S. 1 ff.; *ders.*, in: ZfL 2001S. 62 f.: SK-*Rudolphi*, Rnr. 39 f. vor § 218; *Tröndle*, in: *Tröndle/Fischer*, StGB-Kommentar, 49. Aufl., 1999, Rnr. 14 b vor § 218 (m.w.N.).

66 Sonst kollidierte selbstverständlich nichts, wäre nichts widersprüchlich, enthielte das Urteil vielmehr nur Passagen, die es selbst für irrelevant, für Geschwätz erklärte – alles offenkundig nicht der Fall.

Rechtsprinzip des „*lex posterior*“-Satzes der Inhalt der späteren gültig.[67] Sie weicht gerade mit den oben zitierten besonderen Anordnungen, die das Gericht der „Beratungsregelung“ verbindlich beigibt, von der früheren ab.

Der logische Widerspruch jener Anordnungen zu der vorherigen Feststellung, „beratene“ Abtreibungen seien rechtswidrig, hebt diese Feststellung sachlich wieder auf. Methodisch gesprochen: die Rechtswidrigkeitsfeststellung wird durch die späteren Anordnungen materiell derogiert.[68] Seit dieser Entscheidung ist daher die Behauptung, schon der früheste Embryo sei Grundrechtsträger, bestenfalls eine *petitio principii.* Darum gerade wird gestritten. Und verbindlich festgestellt ist es nach der Selbstderogation des BVerfG nirgends.

4. Wer das nicht akzeptieren, stattdessen an der Grundrechtssubjektivität des Embryos festhalten und die gegenläufigen Anordnungen des BVerfG für nichtig erklären wollte, müßte sich freilich nicht nur nach seiner verfassungsrechtlichen Quelle fragen lassen. Darüber, etwa über die „wirkliche“ Bedeutung des Normtextes von Art. 1 Abs. 1 GG, mag man immerhin, wenngleich einigermaßen aussichtslos streiten, und tut es ja. Nicht zu bestreiten ist aber das folgende.

a) Alle dafür zuständigen Instanzen der Rechtsanwendung in diesem Land haben die zitierten Anordnungen des BVerfG vollständig und ohne Einschränkungen verwirklicht. Ausnahmslos *angewendetes* Recht ist daher das, womit das Gericht den Inhalt seines 4. Leitsatzes, das Rechtswidrigkeitsverdikt über „beratene“ Abtreibungen, selbst aufgehoben, derogiert hat. Anders formuliert: der Schwangerschaftsabbruch nach Beratung wird in Deutschland von *niemandem* als rechtswidrig, er wird vielmehr durchgängig als rechtmäßig behandelt. Damit *ist* er genau dieses – rechtmäßig. Das ist nicht, wie Büchner glaubt, „ein positivistischer Trugschluß“.[69] Es ist die zwingende Folge einer Minimalbedingung der Existenz von Recht. Rechtsnormen existieren nicht im Modus ihres Aufgeschriebenseins (wo auch immer), also, wenn man will, nicht im Modus von Druckerschwärze auf dem Papier. Sie existieren nur im Modus ihrer (wenigstens minimalen) Geltung. Das ist nicht etwa das Ergebnis irgendeiner Theorie. Es gehört vielmehr zum *Begriff* der Norm und ist insofern analytisch wahr.

---

67 S. hierzu *Koller*, Theorie des Rechts, 2. Aufl. 1997, S. 113 f.

68 Treffend *Jakobs*, Schriftenreihe JVL Nr. 17, 2000, S. 35: Nichts führe „an der Feststellung vorbei, das Gericht habe seine Anordnung, ein Schwangerschaftsabbruch nach Beratung müsse als rechtswidrig angesehen werden, selbst derogiert“.

69 *Büchner*, ZfL 2001, S. 63.

b) Doch was bedeutet „Geltung rechtlicher Normen“? Drei unterschiedliche Perspektiven der Frage lassen sich auseinanderhalten:[70]

1. die soziologische,
2. die ethische,
3. und die spezifisch rechtliche Perspektive.

Diesen Blickrichtungen korrespondieren drei unterschiedliche Geltungs*begriffe*: der soziologische, der ethische und der juristische, und drei unterschiedliche *Modi* des Geltens: die soziale, die moralische und die juristische Geltung. Zwischen diesen Geltungsweisen können Kollisonen entstehen: etwa wenn die moralische Geltung einer in hohem Grade ungerechten Norm mit Gründen bestritten werden kann, diese Norm aber vom Gesetzgeber förmlich erlassen, von allen Rechtsinstanzen angewendet und so in ihrer sozialen Wirksamkeit durchgesetzt wird. Eine solche Norm hat wohl eine soziale, aber keine ethische Geltung. Die Frage, ob sie dann allein wegen ihrer faktischen Wirksamkeit auch juristisch gilt, ist eines der umstrittensten Probleme der Rechtsphilosophie.[71] Geltungskollisonen können natürlich auch in anderen Akzentverteilungen zwischen den drei Geltungsbegriffen entstehen. Zu diesen Fragen braucht hier im einzelnen nichts gesagt zu werden. Denn das folgende ist in der Rechtstheorie heute allgemein anerkannt:

Der soziologische und der ethische Geltungsbegriff sind „reine“ oder „autarke“ Geltungsbegriffe. Sie können für sich allein und ohne Elemente der jeweils anderen Geltungsbegriffe existieren. Eine Norm kann also soziale Wirksamkeit haben, etwa von der Verwaltung angewendet werden, wiewohl sie ethisch verwerflich, also moralisch ungültig ist. Und umgekehrt kann eine ethisch begründete Norm auch ohne jede soziale und rechtliche Bedeutung (Geltung) gleichwohl als moralisch gültig angesehen werden. Beim juristischen Geltungsbegriff ist das anders. Er ist in diesem Sinne nicht autark, sondern beinhaltet notwendig Elemente jedenfalls *einer* der beiden anderen Geltungsweisen: der sozialen.[72] Das bedeutet: Eine

---

70 Vgl. zum folgenden *Alexy*, Begriff und Geltung des Rechts, 1992, S. 137 ff.; *Koller*, Theorie des Rechts, a.a.O., S. 109 ff.; *Röhl*, Allgemeine Rechtslehre, 2. Aufl. 2001, S. 280 ff.

71 Dazu sehr klar *Alexy,* a.a.O. – Daß es sich hierbei keineswegs um eine akademische Frage handelt, ist in den vergangenen Jahren in den sog. Mauerschützenprozessen gegen ehemalige Grenzwachen der DDR deutlich geworden: Ob einer Norm, die den Todesschüssen an der Grenze eine legale Deckung (§ 27 DDR-GrenzG) verschafft hat und die in der DDR de facto (sozial) wirksam war, der aber jede moralische Geltung fehlte, nachträglich in den Entscheidungen bundesdeutscher Strafgerichte die *juristische* Geltung zu- oder abgesprochen werden mußte. Der BGH hat bekanntlich das letztere angenommen und die rechtliche Geltung verneint.

72 Ob eine Rechtsnorm nur dann juristisch gültig ist, wenn sie auch ein Element der moralischen Geltung hat, also jedenfalls nicht *evident und im höchsten Grade* verwerflich ist, mag offenbleiben. Das ist der Gegenstand des in der vorigen Anmerkung apostro-

Norm, die in *keinem* ihrer nominellen Anwendungsfälle bei *irgendwem* auch nur *irgendeine* minimale faktische (soziale) Wirksamkeit hat, existiert jedenfalls nicht als Rechtsnorm.

Gewiß verliert eine in einem insgesamt geltenden Rechtssystem ordnungsgemäß – z.B. auch durch Entscheidungen des BVerfG – gesetzte Norm nicht schon dadurch ihre rechtliche Geltung, daß sie sehr häufig nicht befolgt und ihre Nichtbefolgung sehr selten sanktioniert wird. Doch muß sie, um juristisch zu gelten, eine wenigstens erkennbare soziale Wirksamkeit haben, ein Minimum an faktischer Steuerungskraft, eine zumindest geringe (ex ante) Chance der Wirkung vor jedem einzelnen ihrer Anwendungsfälle – oder aber für den Fall des Scheiterns dieser (und möglicherweise jeder einzelnen) Chance von Steuerungswirkung: die Anordnung irgendeiner Folge oder Sanktion. Diese Sanktion braucht selbstverständlich nicht Strafe zu sein. Aber irgendeine mögliche Folge, die an eine Normübertretung anknüpft und die Geltung der übertretenen Norm *ex post* bekräftigt, muß die Rechtsordnung vorsehen. Sonst stellt sie die Normübertretung frei und gibt damit ersichtlich die Norm selbst auf.[73]

Wo immer dieses Minimum genau liegen mag, und seine Bestimmung mag im Einzelfall schwierig und zweifelhaft sein - eines ist in der Rechtstheorie unbestritten: Eine Norm, die im beschriebenen Sinn sowohl als Handlungsanleitung als auch als Anordnung irgendeiner rechtlichen Reaktion auf falsches Handeln vollständig wirkungslos ist, kann keine existierende Rechtsnorm sein. (Als moralische Norm mag sie dagegen sehr wohl Geltung beanspruchen können.)[74]

---

phierten Streits in der Rechtsphilosophie, nämlich zwischen reinen Rechtspositivisten und „Natur-" oder Vernunftrechtlern. (Ich selbst halte eine moderate Version der letzteren Provenienz für zutreffend; ähnlich *Alexy*, a.a.O.) Dieser Streit ist für unser gegenwärtiges Problem irrelevant. Denn jedenfalls wäre eine Norm, die Abtreibungen oder die verbrauchende Embryonenforschung erlaubt, nicht *evident und höchstgradig* verwerflich, wie schon die Tatsache beweist, daß über ihre Zulässigkeit zwischen hochrangigen Autoritäten der Wissenschaft und der Ethik gestritten wird.

[73] S. *Alexy*, a.a.O., S. 147: „Bedingung der rechtlichen Geltung einer Einzelnorm ist zwar nicht, daß sie im großen und ganzen sozial wirksam ist, wohl aber, daß sie ein *Minimum an sozialer Wirksamkeit oder Wirksamkeitschance* aufweist. Dem entspricht das Phänomen der Derogation. Eine Derogation besteht in dem Verlust der rechtlichen Geltung einer Norm aufgrund des Absinkens ihrer Wirksamkeit unter jenes Minimum.". In der Sache genauso *Koller* und *Röhl* (wie Anm. 69).

[74] Zur Klarstellung: Die Rede ist hier von der völligen Wirkungslosigkeit einer Norm in jedem ihrer (nominellen) *Anwendungsfälle*. Gewiß gibt es Normen, die ohne Zweifel gelten, obwohl sie noch nie angewendet wurden: weil einfach die tatsächlichen Voraussetzungen für ihre Anwendung noch nie vorlagen. Das dürfte bei den meisten Normen in den ersten Tagen nach ihrem Erlaß der Fall sein. Bei manchen – etwa dem Völkermordtatbestand des § 220 a StGB – kann es Jahre, ja Jahrzehnte dauern, bis sie zum

c) Projiziert man diese Überlegungen auf die Norm, die das BVerfG im 4. Leitsatz des zweiten Fristenlösungsurteils postuliert, so lautet das Ergebnis. Die Norm „Abtreibungen nach der vorgeschriebenen Beratung sind rechtswidrig“ ist ohne jede Wirkung. Daran ändert der Rechtszwang zur Beratung vor jeder Abtreibung nichts. Denn er entstammt einer ganz anderen Norm. Solange die Schwangere noch beraten wird, liegt ersichtlich noch kein konkreter Anwendungsfall für das Verbot (die Rechtswidrigkeit) des beratenen Abbruchs vor. Erst dann, wenn die Beratung erfolglos geblieben ist und die Schwangere nun beschließt abzutreiben, hätte die Wirkung einer rechtlichen Norm, die das verböte, einzusetzen. Dann genau wird sie, nach den Anordnungen des BVerfG zurückgezogen.

Und dem entspricht vollständig, was das BVerfG in seinen Entscheidungsgründen mehrfach hervorhebt: Im Falle einer beratenen Abtreibung habe nach der vom Gericht gebilligten Entscheidung des Gesetzgebers allein die Frau „die Letztverantwortung für den Schwangerschaftsabbruch“.[75] Letztverantwortung heißt: die Schwangere ist selbst die letzte Instanz, vor der sie ihre Entscheidung zu verantworten hat. Eine Norm, vor der sie das zu tun hätte und von der sie anschließend zu Verantwortung gezogen werden könnte, gibt es nicht mehr. Überläßt die Rechtsordnung die „Letztverantwortung“ für eine Handlung der Privatperson, egal wie lange und intensiv sich diese zuvor hat beraten lassen müssen, dann ist die Handlung Privatsache. Und das heißt zwingend: sie ist rechtmäßig. Auch das ist ein begrifflicher, kein empirischer Zusammenhang. Die „Rechtswidrigkeit“ einer Handlung ist dadurch definiert, daß über diese Handlung nicht der Handelnde, sondern die Rechtsordnung die „Letztverantwortung“ hat: das Verdikt „Dies ist verboten. Tu es nicht!“[76]

Selbstverständlich gibt es *erfolgreiche* Beratungen, in denen abtreibungswillige Frauen umgestimmt werden und nun ihr Kind austragen. Aber das ist jeweils eine Folge der Beratung, nicht der nach einer *erfolglosen* Beratung erst einsetzenden Verbotsnorm. Diese Norm kennt die Schwangere schließlich schon vor der Beratung. Warum sollte sie die letztere dann mitmachen? Und wieso sollte sie, wenn sie von der Beratung gänzlich unbeeindruckt bleibt, danach beschließen, die Abtreibung wegen der vorher längst bekannten (angeblichen) Verbotsnorm zu unterlassen?

---

ersten Mal angewendet werden, weil erst dann ein sachlicher Anwendungsfall auftritt. Das tut der Normgeltung selbstverständlich keinen Abbruch.

75 BVerfGE 88, 268, 318 und passim.

76 „Letztverantwortung“ im Sinn des BVerfG darf nicht verwechselt werden mit „faktischer Letztentscheidung über den Vollzug der Handlung“. Die hat selbstverständlich *immer* der Handelnde, auch wenn er einen Mord begeht. Mit „Letztverantwortung“ meint das Gericht: *normative* Letztverantwortung, also die letzte *normative Zuständigkeit* für die *Beurteilung* der Handlung. Das ist das Kennzeichen rechtmäßiger, eben privater Handlungen.

Gegen ein naheliegendes Mißverständnis der Rolle des BVerfG in dieser Frage sei das folgende klargestellt: Das BVerfG kann Gesetze und andere staatliche Akte für verfassungs-, also rechtswidrig erklären. Aber es hat selbstverständlich keine Verfügungsmacht über die Regeln, den *Begriff* der Rechtswidrigkeit. (So wie es etwa ein Urteil oder ein Gesetz für logisch widersprüchlich erklären kann, aber selbstverständlich keine Verfügungsmacht über die Regeln der Logik hat.) Etikettiert es daher mit dieser Bezeichnung eine normative Wirklichkeit, die davon nicht zutreffend gekennzeichnet wird, so ändert das an dieser Rechtslage nichts. *Falsa demonstratio, protestatio facto contraria*[77] – wie immer man es nennen mag: der „beratene" Schwangerschaftsabbruch ist in Deutschland nicht mehr rechtswidrig.[78] Zumindest der Erste Senat des BVerfG dürfte dies inzwischen wohl ebenso beurteilen. In einem neueren Beschluß formuliert er das deutlich: Einem wegen Beleidigung verurteilten Abtreibungsgegner, der von massenhaftem „Kindermord im Mutterleib" gesprochen und sich auf seine Meinungsfreiheit berufen hatte, attestiert das Gericht, er wende sich in seinem Kampf gegen „ein *vermeintliches* Unrecht".[79]

5. Diesen Erwägungen gegenüber ist der wiederholte Hinweis des BVerfG im zweiten Fristenlösungsurteil, das vom Gesetzgeber gewählte, verfassungsrechtlich akzeptable „Beratungskonzept" erfordere zur Sicherstellung seiner Wirksamkeit die getroffenen Anordnungen, ohne Belang. Akzeptiert man, daß der Schutz vorgeburtlichen Lebens am besten mit dem Beratungskonzept des geltenden Rechts zu erreichen ist[80], so leuchten diese Überlegungen und die darauf gestützten Anordnungen des Gerichts gewiß ein. Zu dem vorausgesetzten Zweck mögen sie, wie das BVerfG mehrfach hervorhebt, unbedingt erforderlich sein. Aber das ändert an ihrem normativen Resultat nichts: der Derogation des vorherigen Rechtswidrigkeitsverdikts. Dann ist der angestrebte Gesetzeszweck eben nur mit einer Regelung erreichbar, die die Rechtswidrigkeit des Handelns der Beteiligten ausschließt. Es wäre ja bei weitem nicht das erste Mal, daß der Staat bestimmte Ziele einfach nicht mehr im Modus des rechtlichen Verbots zu erreichen vermag und daher seine Normen aus diesem Problembereich zurückzieht. Damit schlägt er den

---

[77] Die letztere Bezeichnung bei *Gropp*, Goltdammer's Archiv für Strafrecht 1994, S. 159; SK-*Rudolphi*, § 218 a Rnr. 2; *Jakobs*, JR 2000, S. 407.

[78] Das wird für die einfachgesetzliche Rechtslage auch und gerade von Abtreibungsgegnern betont (die diese lex lata allerdings – und nun freilich ohne normativen Boden – für verfassungswidrig halten); vgl. *Büchner*, Schriftenreihe JVL 17, 9 ff.; SK-*Rudolphi* § 218 a Rnr. 2; mit durchschlagenden Argumenten zum Ganzen *Jakobs*, Schriftenreihe JVL 17, 34 ff.; *ders.*, JR 2000, 407.

[79] BVerfG, Beschluß vom 6.9.1999 – 1 BvR 1204/99 (Hervorhebung von mir, R.M.).

[80] Wenngleich es wenig glaubhaft ist. Zu den begründeten Zweifeln, die sich auch auf die seither angestiegenen Abtreibungszahlen stützen, *Tröndle* in *Tröndle/Fischer*, StGB-Kommentar, 49. Aufl., 1999, vor § 218 Rnr. 14 c und d.

jeweiligen Handlungsbereich der Privatsphäre seiner Bürger zu. Und das heißt: er macht sie rechtmäßig.[81]

Mag die „Beratungslösung“ des geltenden Rechts die beste Strategie für den staatlichen Schutz vorgeburtlichen Lebens sein (oder mag sie es nicht sein): ihre zwingende Folge ist die Rechtmäßigkeit des Schwangerschaftsabbruchs. Denn außer einer gegenteiligen Benennung gibt es *nichts* in der Rechtsordnung, was ihre Rechtswidrigkeit wirklich (existent) machte.

VI. Rechtmäßigkeit der Abtreibung und der staatlichen Teilnahme daran trotz Grundrechtsträgerschaft des Embryos?

Das BVerfG hat in seinen beiden Abtreibungsurteilen das Rechtswidrigkeitsverdikt über jede nichtindizierte Abtreibung als zwingende Folge aus der Grundrechtssubjektivität des Embryos abgeleitet. Es wäre aber denkbar, daß ein solches Junktim nicht besteht: Die Abtreibung könnte rechtmäßig sein, obwohl der Embryo Grundrechtssubjekt ist. Das wäre dann der Fall, wenn es für sie auch im bloß „beratenen“, nichtindizierten Fall einen Rechtfertigungsgrund gäbe. Würden dessen Voraussetzungen der Rechtfertigung nur von Abtreibungen erfüllt, so wären andere Formen des Tötens von Embryonen damit nicht legitimierbar. Die Zulässigkeit der Gewinnung von Stammzellen unter Abtötung des Embryos wäre von dessen Grundrechtsstatus ausgeschlossen. Dann wäre immerhin das ESchG (wenngleich nicht die Judikatur des BVerfG) mit dem geltenden Abtreibungsrecht zu vereinbaren. Die Frage muß also geklärt werden, ob eine solche abtreibungsspezifische Rechtfertigung begründbar ist.

Drei Argumentstrategien dafür sind denkbar und im Umlauf:

1. Die erste verweist auf die „singuläre Besonderheit“ des Abtreibungskonflikts und knüpft daran die Konsequenz einer ebenso singulären Tötungserlaubnis.
2. Die zweite identifiziert den Embryo als Gefahr für wichtige Belange der Schwangeren und daher im Verhältnis zu ihr als zuständige Ursache eines Defensivnotstands.[82]

---

[81] *Jakobs*, Schriftenreihe JVL Nr. 17, 2000, S. 29, unter Hinweis auf diesen Vorgang beim Rückzug des Rechts aus dem Lebensbereich sog. Konkubinate, die ehedem strafrechtlich verfolgt wurden.

[82] Das könnte seine Tötung durch Abtreibung auch dann rechtfertigen, wenn jene Belange der Schwangeren in ihrem Gewicht deutlich hinter den seinen, nämlich dem seines grundrechtsgeschützten Lebens, zurückblieben; vgl. die Hinweise zum Defensivnotstand oben zu und in Anm. 63.

3. Die dritte schließlich übernimmt die These, auf die der Gesetzgeber und das BVerfG ehedem die „Beratungslösung" maßgeblich gestützt haben: Abtreibungen könnten insgesamt nur dann erfolgreich zurückgedrängt werden, wenn man schwangere Frauen berate und nicht bedrohe. Stichwort: Schutz des embryonalen Lebens sei nur mit der Schwangeren, nicht gegen sie möglich. Anders als das BVerfG schließt diese dritte Argumentstrategie aber aus dem Umstand der vorausgesetzten Alleintauglichkeit der Beratungslösung auf die *Rechtmäßigkeit* der in ihrem Rahmen vorgenommenen Abtreibungen.

Keines dieser Argumente muß den Grundrechtsstatus des Embryos bestreiten, um die Abtreibung legitimieren zu können. Trifft auch nur eines zu, dann könnte der Befund unserer bisherigen Analyse: die Rechtmäßigkeit der Abtreibung nach derzeit geltendem Recht, anders erklärt werden als durch das Fehlen der Grundrechtssubjektivität des Embryos. Aus diesem Befund wäre dann keinerlei Indiz für die Zulässigkeit einer Forschung an embryonalen Stammzellen zu gewinnen. Vielmehr müßte die gesamte Diskussion um den Grundrechtsstatus des Embryos *ohne* Rekurs auf die Judikatur des BVerfG, also prinzipiell und von Anfang an, aufgenommen und zu irgendeinem klärenden Ergebnis gebracht werden. Die Prognose ist nicht riskant: das würde die verfassungsrechtliche Debatte um die Stammzell-Forschung in einem aussichtslosen Patt fixieren und irgendwann einfach der politischen Mehrheitsentscheidung überantworten.

Freilich wird sich zeigen, daß keines der oben skizzierten Argumente haltbar ist.

1. Das erste ist trotz seiner Popularität gänzlich untauglich. Es schließt von einer deskriptiv ermittelten „Einzigartigkeit", also einer Tatsache, einfach auf eine Erlaubnis, also eine Norm, nämlich die Zulässigkeit der Abtreibung. Damit präsentiert es ein Musterbeispiel dessen, was Philosophen seit David Hume einen „naturalistischen Fehlschluß" nennen: den ungültigen Schluß von einem „Sein" auf ein „Sollen".[83] Daran ändert auch die beliebte Formel von der „Zweiheit in Einheit" nichts.[84] Ganz unabhängig von allen philosophischen Erwägungen liegt es auf der Hand, daß man zunächst begründen muß, warum und in welcher Hinsicht gerade das *faktisch* Singuläre einer Situation der „Zweiheit in Einheit" *normativ* bedeutsam ist, bevor man daraus normative Schlüsse zieht. Jeder spezifisch charakterisierbare Typus eines Lebenssachverhalts, von der Herztransplantation bis zum Konkursbetrug oder was immer man will, ist als solcher singulär (sonst wäre er

---

[83] S. dazu *Pigden*, Naturalism, in *Singer* (Hg.), A Companion to Ethics, 1995, 421, 426 ff., auch zu den beiden Klassikern des Arguments gegen den naturalistischen Fehlschluß, David Hume und George Edward Moore.

[84] Immer wieder begründungslos abgerufen, z.B. von *Riedel*, in: *Geyer* (Hg.), Biopolitik, 20001, S. 119; in BVerfGE 88, 203 (253) allerdings mit Recht als Grundlage einer Tötungserlaubnis abgelehnt.

nicht *spezifisch* charakterisierbar). Daraus allein folgt nichts für Verbote oder Erlaubnisse, und für eine Tötungserlaubnis schon gar nicht.

a) Nun weist die Struktur des Abtreibungskonflikts gewiß Merkmale auf, die normativ bedeutsam sind. Aber dies sind nicht nur seine *singulären* Merkmale. „Singulär" mag man zunächst die biologische Abhängigkeit des Embryos vom Körper seiner Mutter nennen. Weniger konziliant formuliert: die partielle Beschlagnahme ihrer Physis für ungefähr neun Monate und gegen ihren Willen als Lebensressource eines anderen Wesens. Das ist eine erhebliche Zumutung, die prima facie weitreichende Maßnahmen zur Befreiung legitim erscheinen läßt, möglicherweise auch die Tötung des anderen. Und dies genau ist ihre normative Bedeutung.

b) Sie ist freilich, sieht man genauer hin, weder singulär, noch ist ihr Charakter als gravierende Zumutung ihr einziges normativ relevantes Merkmal. Wir kennen durchaus noch einen weiteren Konflikttypus, in dem der Körper eines Menschen ohne oder gegen dessen Willen biologisch mit dem Körper eines anderen verbunden ist und diesem als Lebensressource dient: die Situation sog. „siamesischer Zwillinge", die ein lebenswichtiges Organ, etwa das Herz, gemeinsam haben.[85] Ist dieses Organ physiologisch eindeutig oder primär dem einen der Zwillinge zuzuordnen, so erscheint dessen biologische Zwangsbeschlagnahme durch den anderen nicht weniger deutlich als im Falle einer ungewollten Schwangerschaft.

aa) Der Fall ist für unsere Zwecke deshalb aufschlußreich, weil wir es hier mit zwei *geborenen* Menschen zu tun haben, an deren jeweiliger Grundrechtssubjektivität nicht zu zweifeln ist. Daher präsentiert er unser Problem, die Frage nach einer normativ zulässigen Lösung des Konflikts, gewissermaßen „reiner", unverstellter: ohne das Risiko, in diese Lösung unbemerkt doch die verdeckte Annahme eines grundrechtlichen Statusunterschieds der Beteiligten einfließen zu lassen, wie es im Fall des Embryos durchaus naheliegt.

bb) Erschiene im Fall der Zwillinge die tödliche Auflösung des Konflikts zu Lasten des biologisch Abhängigen richtig? Nehmen wir an, die Zwillinge werden im Kleinkindalter getrennt, also ohne die Möglichkeit einer eigenen Einwilligung. (In der kinderchirurgischen Fachliteratur sind mehrere Fälle dieser Art dokumentiert.[86]) Der Zwilling, dem das gemeinsame Organ physiologisch zugeordnet wer-

---

[85] Ausführlich zu allen physiologischen Typen solcher „conjoined twins" und zu den normativen Konflikten, die daraus entstehen können *Merkel*, An den Grenzen von Medizin, Ethik und Strafrecht: Die chirurgische Trennung sogenannter siamesischer Zwillinge, in: *Roxin/Schroth* (Hg.), Medizinstrafrecht, 2. Aufl. 2001, S. 145 ff.

[86] S. *Cywes*, Challenges and Dilemmas for a Pediatric Surgeon, in: Journal of Pediatric Surgery 29 (1994), S. 957 ff. (959 f.); Dokumentation aller bekannten Fälle bis Ende 1987 bei *Hoyle*, Surgical Separation of Conjoined Twins, in: Surgery, Gynecology &

den kann, wird zugunsten seines „befreiten“ Lebens von dem anderen abgetrennt und dieser dabei „geopfert“. Außerhalb akuter Lebensnotstandslagen stellen solche „Opfertrennungen“ nach deutschem Strafrecht eindeutig rechtswidrige Tötungen dar. Auch eine ethische Beurteilung käme schwerlich zu einem anderen Resultat.[87] Die biologische Zwangsverbundenheit – kraß: selbst das physiologisch „parasitäre Profitieren“ des einen vom Körper des anderen – liefert keinen Rechtfertigungsgrund für die Tötung.

c) Man kann sich die Situation auch an erwachsenen siamesischen Zwillingen dieses Typs verdeutlichen: Zwilling A, dem physiologisch das gemeinsame Organ „gehört“, erträgt die körperliche Zwangsverbindung nicht mehr und tötet Zwilling B, um die Ärzte zu einem (vorher aus Risikogründen verweigerten) Trennungsversuch zu zwingen. Nehmen wir an, dieser gelänge: Rechtfertigung des Totschlags wegen der „singulären“ Situation einer biologischen Zwangsbeschlagnahme des A durch den Körper eines anderen?

Ganz gewiß nicht. Und nun vergleiche man die Konstellation noch in weiteren Hinsichten mit der des Schwangerschaftskonflikts: Für A geht es nicht nur um eine solche Beschlagnahme für neun Monate, sondern für sein ganzes Leben. Auch kann er nicht, wie etwa eine Schwangere, ein relativ normales Leben als immerhin *äußerlich* individuell lebender Mensch führen. Er ist vielmehr erheblich weiterreichend in seiner physischen Freiheit beschränkt als eine Schwangere. Entscheidend ist jedoch dies: Keiner der Zwillinge kann in irgendeinem Sinne für das Entstehen der Zwangsverbindung beider zuständig oder wenigstens in höherem Maße als der andere zuständig gemacht werden. Keinem können daher nach fundamentalen Prinzipien der Gerechtigkeit die „Kosten“ ihrer Auflösung einfach auferlegt werden. Und deshalb verbietet der gleiche Grundrechtsstatus beider Zwillinge die Tötung eines von ihnen zur Lebensqualitätsverbesserung des anderen. Für beide muß daher sowohl rechtlich als auch ethisch die Zwangsverbindung als Schicksal definiert werden, dessen Korrektur durch eigenes Handeln rechtens nicht möglich ist.

d) Daß wir dies im Schwangerschaftskonfliktfall anders oder zumindest weniger eindeutig zu sehen geneigt sind, liegt, wie man nun erkennt, nicht an dessen *normativ* „singulärer“ Konstellation. Denn diese ist, wie wir gesehen haben, nicht singulär; und sie rechtfertigte selbst dann nicht die Tötung eines Grundrechtssubjekts. Es liegt auch nicht an einer anderen Verteilung der Zuständigkeit für die Konfliktentstehung – im Gegenteil, wie wir sogleich (*unter 2.*) sehen werden. Vielmehr macht unser Vergleich deutlich, daß selbst aus der (zugestandenen) faktischen „Singularität“ des Konflikts keinerlei Erlaubnis zur Tötung einer Kon-

---

Obstetrics 170 (1990), S. 549 ff.; weitere Fälle bei *Merkel*, a.a.O., S. 150, 155 ff. dort auch die genaue ethische und rechtliche Analyse der Probleme.

87 Zu beiden normativen Beurteilungen *Merkel*, a.a.O., S. 151 ff., 161 ff.

fliktpartei abgeleitet werden kann - *wenn* beide Parteien gleiche Grundrechtsträger sind. Unsere Neigung, diese Tötung im Schwangerschaftskonflikt zumindest für diskutabel zu halten, hat ihren Grund alleine darin, daß wir – bewußt oder unbewußt – eben jene Voraussetzung: die Grundrechtssubjektivität des Embryos, nicht oder nicht so fraglos annehmen wie im Fall der siamesischen Zwillinge.

2. Das wird noch deutlicher, wenn man sich nach der angedeuteten „Zuständigkeitsverteilung" im Schwangerschaftskonflikt fragt. Die Frage leitet über zum nächsten der oben erwogenen Rechtfertigungsgründe: dem Defensivnotstand. Nach dessen Prinzipien ist eine Abtreibung nur dann zu rechtfertigen, wenn der Embryo im Verhältnis zur Schwangeren als vorrangig zuständig für die Notlage angesehen werden kann.

a) Die Lastenverteilung bei der Auflösung eines Defensivnotstands beruht auf einem fundamentalen Prinzip der Fairneß und damit der distributiven Gerechtigkeit. Hat jemand eine Gefahr zurechenbar *geschaffen*, so ist er fraglos zuständig für die „Kosten" ihrer Beseitigung; bei rechtswidriger Gefahrschaffung entspricht das dem typischen Fall der Notwehr. Aber auch – und dies ist die Struktur des Defensivnotstands – wer eine Gefahr in keinem Sinne geschaffen hat, sondern diese Gefahr einfach *ist*, kann für die Lasten ihrer Beseitigung in Anspruch genommen werden – wenn nicht einer der beiden folgenden Umstände vorliegt:

1. Ein anderer (eine andere) hat die Gefahrentstehung wegen seines (ihres) zurechenbaren Handelns *vorrangig* zu vertreten.
2. Oder: die Hinnahme der Gefahr durch einen Dritten ist diesem - trotz der anderweitigen Zuständigkeit für den Gefahrenursprung - aus Gründen der rechtlich erzwingbaren *Solidarität* zuzumuten.[88]

b) Projiziert man diese prinzipiellen Erwägungen auf die Situation des Schwangerschaftskonflikts, so liefern sie einen klaren Befund: Im Verhältnis zwischen Schwangerer und Embryo - und zwischen diesen beiden müssen die Lasten der bio- oder physiologischen Konfliktlösung verteilt werden, da eine andere Lösungsmöglichkeit nicht besteht – ist es grundsätzlich die Schwangere, die für die Entstehung der Kollision zuständig ist. Strafrechtlich formuliert: eigenverantwortliches Sexualhandeln in Kenntnis der möglichen Folgen disponiert normativ zur Zuständigkeit für diese Folgen. Der Embryo ist in diesen Konflikt, wenn man so

---

[88] Dies ist ersichtlich der Gesichtspunkt des Aggressivnotstands. In einem solchen befindet sich also nicht nur die Schwangere gegen den Embryo, sondern auch dieser ihr gegenüber, sobald die Konfliktlage als eine zu beseitigende definiert wird. In den (engen) Grenzen des solidarisch Zumutbaren, die sich aber erst mit einer Abwägung der im Konflikt kollididierenden Güter bzw. Interessen bestimmen lassen, können daher beide füreinander solidaritätspflichtig gemacht werden – *falls* beide den gleichen grundrechtlichen Status haben.

will, zwangsinvolviert worden. Die Schwangere hat dagegen das Risiko des Konflikts zurechenbar geschaffen. Wenn eine saloppe Wendung gestattet ist: Es wäre eine nachgerade bodenlose Unfairneß, also Ungerechtigkeit, dem Embryo zu sagen: Was hast du hier im Uterus einer anderen Person zu suchen? – und ihn allein mit *dieser* Begründung und mit tödlicher Wirkung hinauszuwerfen, obwohl nicht er, sondern gerade jene andere Person seine Anwesenheit dort sehenden Auges verursacht hat.[89] Besonders deutlich wird das in Fällen, in denen eine Frau zunächst absichtlich schwanger geworden ist. Entschließt sie sich dann, etwa wegen dramatischer Veränderungen ihrer Lebens- oder Familiensituation, zu einem Abbruch, so gestattet ihr § 218 a StGB die Abtreibung ohne jeden Unterschied zum Fall einer unfreiwilligen Schwangerschaft. Das Gesetz selbst wirft damit ein helles Licht auf die Ungerechtigkeit des Defensivnotstandsarguments. Der Versuch, den Embryo für die Entstehung des Schwangerschaftskonflikts zuständig zu machen und damit – unter angeblicher Anerkennung seiner Grundrechtssubjektivität – gleichwohl seine Tötung zu rechtfertigen, ist schon nach positiv geltendem Recht verfehlt. Nach dessen grundlegenden Prinzipien ist er abwegig. Das dürfte im übrigen auch mit tiefverwurzelten moralischen Intuitionen der meisten Menschen übereinstimmen.[90]

c) Dennoch ist die skizzierte Problematik eines Defensivnotstands im Schwangerschaftskonflikt während der vergangenen drei Jahrzehnte in der analytischen Moralphilosophie intensiv und kontrovers erörtert worden (wenn auch nicht in den hier verwendeten rechtlichen Begriffen). Diese Debatte geht zurück auf einen inzwischen berühmten Aufsatz der amerikanischen Philosophin *Judith J. Thomson* zur ethischen Problematik der Abtreibung: „A Defence of Abortion". Sie entwickelt ihre Lösung anhand des folgenden Beispielsfalles, der als „Geiger-Fall" eine gewisse Notorietät erlangt hat und der normativ zentrale Aspekte unserer Frage veranschaulicht, weswegen er hier zitiert sei. Dabei möge bedacht werden, daß die faktische Abstrusität der erfundenen Fallkonstellation keinerlei Einwand gegen

---

89 Daß bei diesem „Verbringen" in den Uterus noch eine dritte Person, der Vater des Embryos, beteiligt war, ist offensichtlich; es kann aber an der Lastenverteilung zwischen Embryo und Schwangerer nichts ändern, da der Mann für die Konfliktlösung nicht unmittelbar herangezogen werden *kann*. Sicher ist aber, daß der Embryo selbst, anders als die Schwangere, daran *überhaupt nicht* beteiligt war.

90 Im Falle einer durch Vergewaltigung aufgezwungenen Schwangerschaft, also dem der sog. kriminologischen Indikation, liegen die normativen Verhältnisse ersichtlich anders: Hier ist die Schwangere für die Konfliktentstehung genauso wenig zuständig wie der Embryo. Welche Lösung zwischen gleichen Grundrechtssubjekten hier die ethisch richtige wäre, mag offenbleiben. Denn Abtreibungen aufgrund einer kriminologischen Indikation sind schon nach dem eindeutigen Gesetzeswortlaut rechtmäßig (§ 218 a Abs. 3 StGB). Daß sie ohnehin nur einen verschwindenden Promille-Anteil an der Gesamtzahl von Abtreibungen in Deutschland ausmachen, sei deshalb nur beiläufig angemerkt.

ihre Tauglichkeit zur Verdeutlichung der normativen Probleme ergibt. Es handelt sich um ein sogenanntes Gedankenexperiment, eine zentrale Methode philosophischer Argumentation seit den Zeiten Platons. Gedankenexperimente sollen nicht die Realität der Welt abbilden, sondern komplizierte und in dieser Realität oft undurchschaubar verwickelte Strukturen, z.B. von Normkollisionen, durch deren plastische Veranschaulichung transparent und damit leichter zugänglich machen. Hier also der „Geiger-Fall“:

Jemand erwacht eines Tages in einem Krankenhaus und findet sich über vielerlei Schläuche und Leitungen mit einem neben ihm liegenden, ihm unbekannten Menschen verbunden – einem weltberühmten Geiger, wie sich herausstellt. Man eröffnet dem Erwachten, er sei betäubt, gekidnappt und dann an den Körper des Geiger angeschlossen worden, denn dieser leide an einer Krankheit, die ohne seine physiologische Versorgung über das Organsystem eines anderen sofort zu seinem Tod führen müsse. Der Gekidnappte habe als einer von ganz wenigen Menschen die sehr seltene Blutgruppe des Geigers; daher sei er als organische Resource ausgewählt worden. Doch werde der Geiger in etwa neun Monaten aufgrund einer neuartigen Therapie geheilt sein. Lasse sich der Gekidnappte vorher abhängen, sterbe der Geiger; halte er neun Monate durch, könnten beide überleben.[91]

Die – freilich nur partielle – Strukturanalogie zur Situation der Schwangerschaft ist deutlich. Ist dem Gekidnappten, fragt *Judith Thomson*, „unter dem Gesichtspunkt der Moral auferlegt, sich in diese Situation zu fügen?“ Und ihre Antwort lautet: „Es wäre zweifellos ausgesprochen nett“ von ihm, wenn er es täte; es gebe aber keinerlei moralische Verpflichtung dazu. Daraus zieht Thomson den Schluß, daß eine Abtreibung auch dann zulässig sein müsse, wenn dem Embryo ein Grundrecht auf Leben und etwa auch auf Achtung seiner Menschenwürde zustehe, genauso zweifelsfrei eben wie dem Geiger ihres Beispiels.

Die Suggestivität des Falles und der Thomson'schen Folgerungen lebt allein davon, daß hier eine exemplarische Konstellation des Defensivnotstands gezeichnet wird, deren Prämisse das unfreiwillige Gekidnappt-Werden ist. Thomson glaubt das nicht.[92] Es ist aber so. Um das zu sehen, darf man den Sachverhalt nicht einfach nur so abwandeln, wie es Thomson tut: daß nämlich die an den Geiger angeschlossene Person zuvor zur Rettung des Geigers in dieses Anschließen eingewilligt hat. Verlöre sie dann nach einer Weile die Lust zu dem Spiel, dann mag man ihr das moralische Recht, sich einfach wieder abhängen zu lassen, zugestehen (wiewohl schon hier gewisse Fragen auftauchen). Aber eine zutreffende Analogie zur Schwangerschaft muß anders formuliert werden. Es geht nicht bloß um eine Einwilligung in das Angeschlossenwerden an den schon todkranken Geiger. Der

---

[91] *Thomson*, in: Philosophy & Public Affairs I.1. (1971), S. 47 ff.; deutsch in: *Leist* (Hg.), Um Leben und Tod, 1990, S. 107 ff. (108 f.).

[92] *Thomson*, a.a.O. (bei *Leist*), S. 109 f.

korrekt analoge Sachverhalt müßte vielmehr so aussehen: Der Geiger kommt durch das zurechenbare Verhalten der anderen Person überhaupt erst in den Zustand des Todkrankseins; sie ist es, die ihn in eine Lage bringt, in der er ohne den (neunmonatigen) Anschluß an ihren Blutkreislauf definitiv sterben muß – genauso wie es sich zwischen Schwangerer und Embryo verhält. Sieht man die Dinge richtigerweise so, dann wird freilich offensichtlich, daß ein Abhängenlassen gegen Grundprinzipien der Fairneß und der Gerechtigkeit verstieße. Strafrechtlich gesprochen: es besteht dann eine Garantenpflicht (zumindest) aus tatsächlicher Übernahme, verbunden zudem mit einer Pflicht der Überwachungszuständigkeit für eigenes Verhalten, das erhebliche Risiken für Dritte schafft.

d) Im übrigen macht das Fallbeispiel noch etwas anderes klar, das in der Debatte über die Zulässigkeit der Abtreibung erstaunlicherweise selten oder gar nicht thematisiert wird: Thomsons Beispielsperson darf sich (ggf.) abhängen lassen, weil es ihr nicht zumutbar ist, ihren Körper neun Monate lang von jemand anderem als Ressource benutzen zu lassen. Die Erlaubnis zur Abtreibung beruht aber auf einem ganz anderen Grund: der „Unzumutbarkeit" des prospektiven Kindes *nach* dessen Geburt. Keine Schwangere treibt mit einer Begründung ab wie dieser: „Eigentlich wünsche ich mir sehnlichst gerade dieses Kind, mit dem ich schwanger bin. Aber neun Monate meinen Körper dafür hergeben, das will ich auf keinen Fall. Und nur deshalb lasse ich es schweren Herzens aus meinem Körper entfernen." Und darauf bezieht sich die Abtreibungserlaubnis auch nicht. Schwangere brechen im „nur beratenen" Fall die Schwangerschaft nicht aus Gründen ihrer Körperintegrität ab (dafür gibt es einen eigenen Indikationsgrund), sondern allein deshalb, weil sie das spätere Kind nicht wollen. Und genau dafür und deshalb erhalten sie die rechtliche Erlaubnis.[93]

Nun kann aber die „Unzumutbarkeit" der Existenz eines Kindes für einen anderen dann, wenn das Kind bereits geboren ist, keinesfalls dessen Tötung legitimieren. Das ist offensichtlich. Auf genau dieser Unzumutbarkeit beruht aber die Abbruchserlaubnis, nicht auf der Unzumutbarkeit des Schwangerseins. Zieht man also, wie es nahezu durchgängig (auch bei Thomson) geschieht, die biologische Konfliktsituation der „Zweiheit in Einheit" in der Schwangerschaft heran, um deren Abbruch per Defensivnotstand zu legitimieren, dann schiebt man eine andere, nämlich auf einem anderen Grund beruhende Erlaubnis vor als die wirklich erteilte. Das liefe, geschähe es bewußt, auf eine nicht akzeptable Täuschung hinaus. Denn der wirkliche Erlaubnisgrund, der auf diese Weise verdeckt wird, erwiese sich schon beim ersten genauen Hinsehen als einer, der gegenüber *geborenen* Menschen, also zweifelsfrei Grundrechtsberechtigten, nicht diskutabel wäre: eben weil sie Grundrechtsträger sind.

---

93 Zur Erinnerung: wir sprechen - in Übereinstimmung mit der geltenden Rechtslage, wie sie unsere obige Analyse ermittelt hat - hier von erlaubten, also *rechtmäßigen*, nicht mehr, wie das BVerfG, von rechtswidrigen (wenn auch straffreien) Abtreibungen.

Da also die wirklich erteilte Erlaubnis (wegen „Unzumutbarkeit“ des späteren Kindes) dessen Tötung als die eines Grundrechtssubjekts nicht trüge, die andere, vermeintlich tragfähige (wegen Defensivnotstands oder „Zweiheit in Einheit“) aber weder erteilt worden ist noch mit dem wirklichen Grund für die Abtreibung etwas zu tun hat, erscheint diese Art der Legitimation moralisch erschlichen, nicht aber begründet. So läßt sich eine Rechtfertigung nicht beschaffen. Daher kann die Rechtmäßigkeit des Schwangerschaftsabbruchs, von Fällen der kriminologischen Indikation (vielleicht) abgesehen, mit Defensivnotstandserwägungen nicht begründet werden.

e) Der wirkliche Grund der Abbruchserlaubnis, die „Unzumutbarkeit“ des prospektiv geborenen Kindes, macht dagegen ganz deutlich, daß damit dem Embryo im Mutterleib eine Grundrechtssubjektivität nicht zu-, sondern abgesprochen, er aus dem Schutzbereich subjektiver Grundrechte ausgeschlossen wird. Denn mit *dieser* Begründung wäre an die Tötung eines geborenen Kindes nicht zu denken. Hätte der Embryo dieselben Grundrechte, dürfte es bei ihm nicht anders sein.

3. Damit bleibt das letzte unserer drei oben genannten Argumente zur möglichen Begründung einer Rechtmäßigkeit der Abtreibung trotz Grundrechtssubjektivität des Embryos: der Hinweis, daß nur mit der „Beratungslösung“ des § 218 a StGB und den flankierenden Anordnungen des BVerfG Abtreibungen erfolgversprechend zurückgedrängt werden können. Dieses Argument dürfte das von den Befürwortern des geltenden Rechts am meisten verwendete sein. Das BVerfG zieht es heran, um seine Lösung „straffrei, wenn auch rechtswidrig“ zu begründen. Andere verwenden es, um die *Legitimität* der Abtreibung zu demonstrieren. Nur um diese letztere Position geht es hier.

Sie kann zweierlei bedeuten:

1. Einmal, daß die *Gesamtzahl* der Abtreibungen in Deutschland nur mit der Beratungslösung reduziert werden kann. So dürfte es intuitiv wohl meistens und nach meinem Eindruck vor allem in der politischen Diskussion aufgefaßt werden. Dieses Argument werde ich hier zur Abkürzung die „Gesamtlösung“ nennen.
2. Und zum andern, daß für *jeden einzelnen Embryo* ex ante, also vor Beginn der gesetzlich geforderten Beratung, die Beratungslösung die beste sei, nämlich seine Chancen zu überleben, besser wahre und schütze als jede andere, insbesondere als ein (möglicherweise strafrechtliches) Verbot seiner Tötung. Diese Lösung als die *ex ante* beste für jeden einzelnen Embryo bleibe dies auch dann, wenn sie nicht zum Ziel führe, der Embryo also danach dennoch getötet werde. Denn seine Überlebenschance *vor* der Abtreibungsentscheidung der Schwangeren sei durch die Beratung trotz ihrer Erfolglosigkeit gleichwohl gesteigert worden. Ohne Beratung wäre er deshalb (höchstwahrscheinlich) so-

wieso verloren gewesen. Dieses Argument soll hier, wieder zur Abkürzung, „Einzellösung“ heißen.

Beide Argumente, die von den Verteidigern des Beratungskonzepts üblicherweise nicht unterschieden werden, nehmen gleichwohl ganz unterschiedliche normative Grundlagen in Anspruch.

a) Die empirische Voraussetzung der Gesamtlösung sei hier nicht bestritten: daß sie die für eine Reduktion der Abtreibungszahlen bestgeeignete Strategie sei.[94] Jedenfalls liegt, wie das BVerfG in der zweiten Fristenlösungs-Entscheidung feststellt, eine solche Einschätzung der sozialen Wirklichkeit im Rahmen des Beurteilungsspielraums, den der Gesetzgeber bei der Erfüllung seiner grundrechtsbezogenen Schutzpflichten hat.[95]

aa) Damit ist freilich nicht gesagt, daß diese als „Gesamtlösung“ optimale Strategie auch eine nach Rechtsprinzipien mögliche ist. Das mag auf den ersten Blick überraschen. Es ist aber selbstverständlich, wenn man sich zweierlei vor Augen hält: Erstens, daß Gesamtlösungen dieser Art per definitionem als Ziel eben den besten Gesamtzustand haben, also im weitesten Sinne utilitaristischer (jedenfalls konsequentialistischer) Provenienz sind.[96] Und daß sie daher, zweitens, typischerweise mit den fundamentalen Prinzipien einer auf indivíduellen Grund- und Freiheitsrechten ruhenden Rechtsordnung nicht vereinbar sind.

Wir werden sehen, daß die Gesamtlösung als Rechtfertigungsgrund für die Abtreibung von Embryonen, die (voraussetzungsgemäß) Grundrechtsträger sind, keine nach Rechtsprinzipien mögliche Lösung ist. Daraus folgt, daß eine solche Gesamtlösung, die – wie diejenige des geltenden Rechts – zur Rechtmäßigkeit der Abtreibung führt, den Embryo *nicht* als Grundrechtsträger behandelt, sondern aus dem Kreis grundrechtsgeschützter Personen ausschließt.

bb) Zur Verdeutlichung sei ein Beispiel gewählt, daß die Logik einer solchen Exklusion nach Kriterien einer optimalen „Gesamtlösung“ anhand eines anderen grundrechtlichen Schutzbereichs zeigt, der sogar erheblich weiter eingeschränkt werden kann als der des Art. 2 Abs. 2 GG, nämlich der des Art. 14 Abs. 1 GG, des Eigentumsgrundrechts. Gleichwohl sind Gesamtlösungen nach der Logik des

---

94 Plausibel ist sie freilich nicht. Angesichts der gegenläufigen Erfahrungen seit der Gesetzesänderung gehört, wie mir scheint, ein beträchtliches Maß an Realitätsverweigerung dazu, die Annahme weiterhin zu verteidigen (dazu *Tröndle* in: *Tröndle/Fischer*, StGB-Kommentar, 49. Aufl. 1999, Rnr. 14 c, d vor § 218 m. N.).

95 BVerfGE 88, 203, Leitsätze 11 - 13 sowie S. 270 ff.

96 Zu dieser und anderen Unterscheidungen innerhalb der Sphäre konsequentialistischer Theorien s. *Nida-Rümelin*, Kritik des Konsequentialismus, 1993, S. 53 ff.

Beratungskonzepts im Abtreibungsrecht auch beim Eigentumsschutz nicht *innerhalb* des grundrechtlichen Bereichs möglich. Man erwäge das folgende:[97]

Zu den gesellschaftlichen Problemen, die man mit strafrechtlicher Prävention auch nicht in den Griff bekommt, gehört bekanntlich der Ladendiebstahl Man stelle sich ein Gesetz vor, daß zur Verringerung der Gesamtzahl von Ladendiebstählen und des daraus erwachsenden volkswirtschaftlichen Schadens folgendes regelt: „Die Gemeinden werden ermächtigt, zu jedem Wochenbeginn per Rechtsverordnung ein größeres Kaufhaus auszuzeichnen, das zur Plünderung freigegeben wird. Plündern darf, wer sich vorher in einer bestimmten Form darüber hat beraten lassen. Die Beratung soll einer Entscheidung für die Plünderung entgegenwirken, jedoch ergebnisoffen sein. Die Letztverantwortung für die Entscheidung, ob er plündern will oder nicht, liegt bei dem Beratenen. Trifft er sie bejahend, so ist jederlei Abwehrreaktion gegen ihn, von welcher Seite auch immer, verboten. Insbesondere darf der Kaufhausinhaber keinerlei Notwehr und ein Dritter keine Nothilfe ausüben. Verträge zwischen Plünderern und Helfern zum Zwecke einer größeren Effizienz der Plünderung sind wirksam, also mitsamt allen Nebenansprüchen (Schadensersatz bei Nichterfüllung etc.) zivilrechtlich durchsetzbar. Für die Zeit der Plünderung hat der Plünderer einen Anspruch auf Lohnfortzahlung. Der Staat ist gesetzlich verpflichtet, flächendeckend Einrichtungen mit Plünderwerkzeugen und mit sonstiger Hilfestellung bereitzuhalten. Wer (beratenen) Plünderern hilft, steht dabei unter dem Schutz des Grundrechts auf Berufsfreiheit.“ – Die Zahl der Ladendiebstähle, so wollen wir annehmen, ist seither erheblich rückläufig, der ökonomische Gesamtschaden deutlich geringer.

Man verwechsle dies nicht mit einer ironischen Grimasse. Selbstverständlich sind im Abtreibungskonflikt ganz andere Güter, Interessen und Normen im Spiel; und gewiß wäre die hier skizzierte Strategie zur Bekämpfung des Ladendiebstahls auch als Gesamtlösung zur Zielerreichung höchst unvernünftig. Auf alles dies kommt es für mein Argument nicht an. Es soll allein die normative Struktur, also die *Logik* solcher Gesamtlösungen zeigen. Und insofern bildet das Beispiel allerdings exakt die Gesamtlösung des Beratungskonzepts im Abtreibungsrecht ab.

Zweierlei macht es deutlich: Solche Plünderungen wären eindeutig nicht mehr rechtswidrig, egal ob sie von wem immer, das BVerfG eingeschlossen, so genannt würden. Denn sie würden durchgängig, ausnahmslos und von allen Beteiligten als rechtmäßig behandelt; und der möglicherweise empörte Inhaber des jeweils geplünderten Kaufhauses wird nach der skizzierten Regelung mit keinerlei Protest auch nur gehört – als wäre er so stumm wie ein Embryo. Und zweitens: die Regelung wäre nicht etwa eine Beschränkung des Eigentumsgrundrechts, entsprechend

---

[97] Die Idee zu dieser Veranschaulichung entnehme ich dem Aufsatz von *Jakobs*, in: Schriftenreihe JVL Nr. 17, S. 17 ff. (S. 28), der den Gedanken beiläufig andeutet, den die folgende Skizze ausbuchstabiert.

dem Gesetzesvorbehalt und der Schrankenbestimmung des Art. 14 Abs. 1 und 2. Sondern: der Kaufhausinhaber würde *als dieser* aus dem Grundrechtsbereich exkludiert, nicht mehr als Inhaber eines Eigentumsgrundrechts auf das Kaufhaus behandelt (sein anderes Eigentum könnte dabei natürlich unangetastet bleiben).

cc) Zur Klarstellung: Wir haben im Grundgesetz bekanntlich eine Norm, die solche Exklusionen aus dem Bereich des Eigentumsgrundrecht hinsichtlich einzelner Sachen nach einem rechtlich geordneten Verfahren gestattet, nämlich die Enteignungsregelung des Art. 14 Abs. 3. Aber das ist kein Einwand gegen die Tauglichkeit meines Beispiels für dessen Zweck. Es gibt bei sozusagen trivialen Grundrechten wie dem Eigentum eben die rechtliche Möglichkeit einer partiellen Exklusion und im übrigen auch dies nur gegen Entschädigung. Daß es genau um eine solche Exklusion und nicht um eine bloße Beschränkung geht, macht schon die Bezeichnung „Enteignung" deutlich. Aber bei Grundrechten, die Leben und Menschenwürde schützen, gibt es das ganz offensichtlich und aus ebenso offensichtlichen Gründen nicht. Und hier liegt das Problem der Abtreibung.

dd) Eine Deutung der Beratungslösung als Gesamtlösung ergäbe also keine Rechtfertigung für Schwangerschaftsabbrüche – *wenn* man dem Embryo den Status als grundrechtsgeschützte Rechtsperson zuschreibt. Auch wenn das Beratungskonzept die Gesamtzahl von Abtreibungen in dieser Gesellschaft, höchst erfolgreich zurückdrängte: Es wäre vor dieser Prämisse mit fundamentalen Rechtsprinzipien des freiheitlichen Verfassungsstaats nicht zu vereinbaren.

Gleichwohl wird die Beratungslösung offenbar meistens im Sinne einer Gesamtlösung aufgefaßt. Wer das akzeptiert, rechtfertigt nicht die Abtreibung von grundrechtsgeschützten Embryonen, sondern schließt diese aus dem Bereich des Lebensgrundrechts aus. Die Begründung der gegenwärtigen Abtreibungsregelung des § 218 a StGB legt die Vermutung nahe, daß der Gesetzgeber zumindest auch, in Wahrheit wohl hauptsächlich, das Ziel dieser Gesamtlösung im Auge hatte. Die Haltung des BVerfG zu einer solchen Deutung des Beratungskonzepts ist etwas schwerer auszumachen. Wenn ich recht sehe, ist es diese: Das Gericht erkennt selbstverständlich die oben dargestellte Exklusions-Wirkung einer solchen Gesamtlösung und damit deren unrechtlichen Charakter[98] Gleichwohl deutet es offenbar die Beratungslösung zumindest auch in diesem Sinne. Und genau deshalb versucht es im zweiten Fristenlösungsurteil die oben analysierte Quadratur des Kreises: die Lösung „straflos, aber rechtswidrig". Warum diese Lösung mit den ihr beigegebenen Maßgaben des BVerfG scheitern *muß*, haben wir gesehen.

b) Damit bleibt als letzte Möglichkeit einer Rechtfertigung „beratener" Abtreibungen bei gleichzeitiger Annahme eines Grundrechtsstatus des Embryos die

---

[98] Deutlich BVerfGE 39, 1 ff. (58) und passim; ebenfalls BVerfGE 88, 203, Leitsatz 2, sowie S. 252 und passim.

oben als „Einzellösung“ bezeichnete Deutung des Beratungskonzepts: die Annahme nämlich, es biete – statistisch und ex ante betrachtete – auch für jeden einzelnen Embryo den bestmöglichen Schutz, und zwar selbst für den, der schließlich aufgrund einer „letztverantwortlichen“ Entscheidung der Schwangeren getötet werde.

Auch hier sei die Richtigkeit der empirischen Behauptung über diese Schutzwirkung als zutreffend unterstellt. Dann gibt es zwei allgemeine Rechtfertigungsprinzipien, um die dahinterstehende Überlegung in rechtliche Kategorien zu fassen:

1. Die mutmaßliche Einwilligung – nämlich jedes einzelnen Embryos in die Prozedur der Beratungslösung in *seinem* Schwangerschaftskonflikt, und zwar mit allen ihren möglichen, ggf. auch tödlichen Konsequenzen;
2. und eine Sonderform des rechtfertigenden Notstands – nämlich eine, die nicht auf dem Prinzip der rechtlich erzwingbaren Solidarität mit anderen Menschen beruht, sondern einfach auf der Richtigkeit einer Abwägung bei Kollisionen verschiedener Interessen eines und desselben Menschen.[99] Dieser wäre in unserer Konstellation der Embryo. Zu seinen Gunsten wäre dann abzuwägen, ob es seinen Interessen im Schwangerschaftskonflikt besser entspricht, einer Beratungslösung oder aber einer Regelung ohne Beratung unterworfen zu werden.

Beide Konstruktionen laufen in unserem Fall auf die dieselben sachlichen Erwägungen und die Prüfung derselben Elemente hinaus. Denn bei menschlichen Wesen, die – wie frühe Embryonen – noch niemals einen eigenen Willen bilden konnten, kann die Fiktion eines „mutmaßlichen Willens“ nur in der Ermittlung ihrer wirklichen Interessen und deren korrekter Abwägung bestehen. Und eben dies verlangt auch das Notstandsprinzip.

Die genauere Prüfung zeigt freilich, daß bei einer vorausgesetzten Grundrechtsträgerschaft des Embryos keine der beiden Konstruktionen zu einer Rechtfertigung führen kann.

aa) Der Gedanke der mutmaßlichen Einwilligung besagt hier ungefähr dies: Da die „Beratungsschutz“-Strategie für den Embryo (zunächst) die beste sei, sie aber nur funktionieren könne, wenn man nach ihrem Fehlschlag im konkreten Einzelfall der Schwangeren die Tötung des nun leider nicht mehr zu rettenden Embryos gestatte, dürfe man eine mutmaßliche Einwilligung des Embryos in den *Gesamt-*

---

[99] Zum Streit in der Strafrechtsdogmatik, ob diese Situation tatsächlich (und ggf. per Analogie) der Notstandsregelung des § 34 StGB subsumiert werden könne und nicht vielmehr ausschließlich nach den Regeln der mutmaßlichen Einwilligung zu beurteilen sei, s. *Roxin*, Strafrecht AT, Bd. I, 3. Aufl. 1997, § 16/87 f. (m.w.N.) sowie *Merkel*, „Früheuthanasie“, 2001, S. 528 ff.

vorgang, also am Ende auch in seine daraus resultierende Tötung annehmen. Daß diese Konstruktion scheitert, von ihren lebensfremden Prämissen abgesehen, ist leicht zu sehen. Man setze an die Stelle des Embryos eine andere Person, deren Grundrechtsträgerschaft außer Zweifel steht: Deren ex-ante und sogar tatsächlich gegebene Einwilligung in ein solches Rettungsverfahren wäre *nach* dessen Scheitern und *vor* ihrer deshalb drohenden Tötung im konkreten Einzelfall selbstverständlich jederzeit widerrufbar und nicht etwa vertraglich bindend. Das gerade ist die Funktion der Grundrechte auf Leben und Schutz der Menschenwürde, daß sie eine solche quasi-vertragliche Bindungswirkung, ein Festgehaltenwerden an einer Einwilligung in die eigene Vernichtung, ja schon in erheblich weniger, etwa die eigene Versklavung, ausschließen. Ein wirksamer „Shylock-Vertrag“[100], ein lebenslanges Sich-Verkaufen in die Sklaverei oder die bindende Abmachung der künftigen Tötung eines Vertragspartners sind unter dem Grundgesetz nicht möglich. In keiner Lage des Lebens, nach keiner denkbaren vorherigen Verabredung, gibt es einen wirksamen Totalverzicht auf die fundamentalen Grundrechte.[101]

Schon deshalb wäre die Annahme einer rechtfertigenden mutmaßlichen Einwilligung in eine solche Tötung für Nichteinwilligungsfähige indiskutabel.[102] Darüber hinaus käme eine rechtfertigende (selbst tatsächlich gegebene) Einwilligung in die eigene Tötung, wie das strafrechtliche Verbot der Tötung auf Verlangen (§ 216 StGB) zeigt, ohnehin nicht in Frage, und zwar auch dann nicht, wenn sie direkt für die Tötung, nicht bloß ex ante für ein riskantes Rettungsunternehmen gegeben würde. Die schon auf den ersten Blick befremdliche Rabulistik einer mutmaßlichen Einwilligung des Embryos in seine eigene Tötung per „Beratungslösung“ erweist sich daher auch bei näherem Hinsehen als gänzlich abwegig.

bb) Nichts anderes gilt für den rechtfertigenden Notstand der oben skizzierten Sonderform. Es liegt einfach nicht im „überwiegenden“ Interesse eines Embryos, abgetrieben zu werden, selbst wenn die vorherige Beratungsprozedur, die am

---

[100] „Laßt uns ein volles Pfund von Eurem Fleisch / Zur Buße setzen, das ich schneiden dürfe / Aus welchem Teil von Eurem Leib ich will“ (*Shakespeare*, Der Kaufmann von Venedig, I/3).

[101] Der in der Verfassungsrechtslehre (kontrovers) diskutierte sog. „Grundrechtsausübungsverzicht“ ist, wie schon aus seiner Bezeichnung ohne weiteres ersichtlich, etwas ganz anderes; s. *Hillgruber*, Der Schutz des Menschen vor sich selbst, 1992, S. 134 (m.w.N.).

[102] Und wer hier etwa darauf verweisen wollte, daß nun eben über den leider schiefgelaufenen Einzelfall hinaus die Glaubwürdigkeit des gesamten Konzepts für Hunderttausende nachfolgender Fälle auf dem Spiel stehe und deshalb die vorher versprochene Beihilfe eben nolens volens geleistet werden müsse, der verwendet ersichtlich wieder das alte utilitaristische, also rechtlich untaugliche Gesamtlösungs-Argument: das der Interessen *anderer* bzw. der Gesamtheit, für die man den individuellen Embryo nicht mit seinem Leben bezahlen lassen darf.

Ende zu seiner Abtreibung führt, ihm an ihrem Anfang die besseren Chancen versprochen hat, also *dann* noch in seinem Interesse gewesen sein sollte. Gerechtfertigt werden muß die schließliche *Tötung*, nicht nur der Einbezug in ein lebensgefährliches, wenngleich ex ante vielleicht optimal chancenwahrendes Lotterieverfahren, als das sich die Beratungslösung für den am Ende zu tötenden Embryo darstellt. Alles dies definitiv auszuschließen: das gerade ist die Funktion des subjektiven Grundrechts auf Leben. Ist der Embryo Inhaber dieses Rechts, so liefert auch die Deutung des Beratungskonzepts im Sinne einer Einzellösung keine Rechtfertigung für seine Tötung.

4. Damit sind alle Versuche, eine Rechtfertigung der Abtreibung bei gleichzeitiger Annahme einer Grundrechtssubjektivität des Embryos zu begründen, gescheitert. Gleichwohl ist nach geltendem Recht, wie wir gesehen haben, die Abtreibung rechtmäßig. Daraus folgt, daß der Embryo bei seiner Tötung im Schwangerschaftskonflikt nicht als Rechtsperson mit Grundrechten behandelt, sondern aus dem Bereich der Grundrechte exkludiert wird.[103] Und dies bedeutet zugleich, daß er nach geltendem Recht *nirgendwo* Inhaber der Grundrechte auf Leben und Achtung seiner Menschenwürde sein kann. Wenn der notorisch vage und umstrittene Art. 1 Abs. 1 GG einen unbestrittenen Inhalt hat, dann den, daß er im Hinblick auf die fundamentalen Grundrechte, vor allem das auf Leben, die rechtliche Gleichbehandlung aller seiner Inhaber gebietet.[104]

Daher ist die in der Verfassungsdogmatik gelegentlich und gerade im Hinblick auf den Schutz des Nasciturus vorgeschlagene „Entkoppelung" der Grundrechte aus Art. 1 I und Art 2 II S. 1 in so undifferenzierter Formulierung irreführend.[105] Damit meint man, die Existenz der Abtreibungsregelung mit dem Grundrechtsstatus des Embryos in Einklang bringen zu können. Denn Art. 2 Abs. 2 GG enthalte, anders als Art. 1 Abs. 1, einen Gesetzesvorbehalt; und dieser werde eben durch § 218 a StGB ausgefüllt; Art. 1 komme dagegen gar nicht ins Spiel. Das ist ein Irrtum. Denn die „Entkoppelungs"-These ist nur insofern richtig, als sie die *sachlichen* Anwendungsbereiche der beiden Grundrechte auseinanderhalten will. Nicht akzeptabel ist aber eine Entkoppelung der *persönlichen* Anwendungsbereiche, also des Grundrechtsstatus nach Art. 1 Abs.1 einer- und nach Art. 2 Abs. 2 S. 1

---

[103] Treffend *Jakobs*, Schriftenreihe JVL Nr. 17, 2000, S. 37 und passim.

[104] Dazu *Höfling*, in: *Sachs* (Hrsg.), GG, Kommentar, 2. Aufl. 1999, Art. 1 Rnr. 27: Gebot der „Achtung elementarer Rechtsgleichheit"; ebenso *Hofmann*, in: AöR 118 (1993), 353 (363); *Dreier*, in: *ders.* (Hg.), GG-Kommentar Bd. I 1996, Rnr. 44, 80; *Benda*, in: *Benda/Maihofer/Vogel*, Handbuch des Verfassungsrechts, 2. Aufl. 1994, § 6 Rnr. 12; alle m.w.N.; ebenfalls BVerfGE 5, 85 (205).

[105] S. etwa *Höfling*, in: *Sachs* (Hg.), GG-Kommentar, 2. Aufl. 1999, Rnr. 21, 51, 60; *Dreier*, in: *ders.* (Hg.), GG-Kommentar, Bd. I 1996, Rnr. 48, 51 zu Art. 1 Abs. 1 (m.w.N.); *Röger*, in: Schriftenreihe JVK 17, 2000, S. 55 ff., 62 ff.

andererseits. Sowenig wie es Grundrechte zweiter Klasse gibt, gibt es Grundrechtssubjekte zweiter Klasse.[106] Gewiß berühren die meisten Tötungen die Menschenwürde des Getöteten nicht. Das gilt auch für die Mehrzahl der rechtswidrigen, nämlich fahrlässigen Tötungen, sei es im Straßenverkehr oder sonstwo. Selbst für zahlreiche vorsätzliche, etwa Affekttötungen dürfte es zutreffen. Aber rechtliche Tötungserlaubnisse, die im skizzierten Sinn auf einer Exklusion des Getöteten als Rechtsperson beruhen, unterwerfen ihn einem prinzipiell anderen Umgang, als er gegenüber allen Personen, die zweifelsfrei Grundrechtsträger sind, zulässig wäre: einem Umgang jenseits der fundamentalen Prinzipien des Rechts.[107] Das wäre, setzt man den Grundrechtsstatus des so Getöteten voraus, immer und jedenfalls auch eine Verletzung seiner Menschenwürde: seines Anspruchs auf fundamentale rechtliche Gleichbehandlung, auf Nicht-Exklusion aus dem Geltungsbereich grundlegender Rechtsprinzipien. *Darf* er dagegen in einer Rechtsordnung auf eine solche Weise getötet werden (wie in unserer), dann gewährt ihm diese Ordnung den Status als Grundrechtssubjekt nicht.

Diese exkludierende Folge haben solche Tötungen auch dann, wenn sie nur in einem einzigen typischen Konflikt – dem der Schwangerschaft – generell zugelassen werden, ansonsten aber, etwa als Embryonenforschung, generell verboten bleiben. Ein Grundrecht auf Leben, das einer bestimmten Gruppe menschlicher Wesen auch nur für *einen* Typus von Konflikten in abstracto nicht gewährt wird, ist insgesamt keines. Wo und wie immer das Leben dieser Wesen ansonsten rechtlich geschützt werden mag (etwa im ESchG) – im Modus subjektiv-grundrechtlichen Schutzes geschieht dies nicht mehr. Es gibt, das sei noch einmal betont, schon begrifflich keine Grundrechte zweiter Klasse. Und damit ist zugleich die Frage nach dem Menschenwürde-Status des embryonalen menschlichen Lebens beantwortet, nämlich verneint. Eine prinzipielle rechtliche Ungleichbehandlung im Hinblick auf das fundamentalste aller Einzelgrundrechte läßt sich mit dem Status eines Trägers der Menschenwürde nach Art. 1 des GG nicht in Einklang bringen.

---

106 Daher ist *Dreier* nicht zu folgen, wenn er die Probleme der Abtreibung oder der Embryonenforschung so zu lösen versucht, daß er dem Embryo zwar einen Status nach dem (einschränkbaren) Art. 2 Abs. 2 S. 1, aber nicht nach dem („unantastbaren") Art. 1 Abs. 1 zubilligt; vgl. *ders.*, a.a.O., Rnr. 51 (wobei allerdings zu bedenken ist, daß Dreier entgegen der herschenden Meinung Art. 1 Abs. 1 insgesamt nicht als subjektives Grundrecht aufgefaßt wissen will).

107 Man projiziere nur eine „Beratungslösung" wie die des geltenden Abtreibungsrechts auf *geborene* Menschen: Tötungserlaubnis nach „letztverantwortlicher" Entscheidung des Töters in einem Konflikt, für deren Entstehung nicht der Getötete, vielmehr sein Töter zuständig ist, – und frage sich, ob man hier im Ernst von „Ausfüllung des Gesetzesvorbehalts" und nicht vielmehr von glatter und zweifelsfreier Verfassungswidrigkeit wegen Verstoßes gegen Art. 2 Abs. 2 GG sprechen würde.

VII. Ergebnis

1. Dies ist das Resultat unserer Analyse des geltenden Rechts: Auf der Ebene des einfachen Gesetzes ein unzweideutiges Verbot jeder „verbrauchenden" Forschung an Embryonen, auf der des Verfassungsrechts eine tabula rasa. Der Embryo ist nach geltendem Recht kein Inhaber subjektiver Grundrechte. Die Verfassung statuiert dies nicht, die geltende Regelung des Abtreibungsrechts schließt es aus. Argumente, die es dennoch behaupten, sind irrig. Aufschlußreich an solchen Argumenten ist dies: Soweit sie neben dem Grundrechtsstatus des Embryos zugleich die Zulässigkeit der Abtreibung rechtfertigen wollen, stützen sie sich regelmäßig auf Überlegungen, die ihrerseits gerade den Ausschluß des Embryos aus der Sphäre der Grundrechtssubjekte voraussetzen oder implizieren.

Gleichwohl wird das embryonale Leben rechtlich geschützt; das ESchG ist dafür ein nachdrücklicher Beleg. Aber dieser Schutz ist der eines bloßen „Gutes", nicht der des Lebens einer Rechtsperson – eines hohen Gutes, gewiß, aber nicht der eines Subjekts von Grundrechten. Daß er von Verfassungs wegen auch künftig die Stammzellforschung ausschließen müsse, ist nicht richtig.

2. Doch hat auch dieser rechtliche Schutz des Embryos eine Rückbindung an die Verfassung: an die *nur* objektiv-rechtlichen Schutzpflichten des Staates aus Art. 1 Abs. 1 GG. Diese Pflichten, das haben wir bereits oben gesehen, beziehen sich im wesentlichen auf die Würde der Menschheit als Spezies, auf den Schutz eines normativ-symbolischen Bildes der Menschen von sich selbst. Dieses Bild ist nicht nur wandelbar und in vielerlei Hinsichten undeutlich. Es ist vor allem – und anders als das „unantastbare" subjektive Grundrecht aus Art. 1 GG – in zahlreichen Zusammenhängen des gesellschaftlichen Lebens der Notwendigkeit weitreichender Abwägungen ausgesetzt. Denn zu unserem Menschenbild gehört vieles, was nicht kollisionsfrei nebeneinander Bestand haben kann.

Das ist ein Hinweis auf die Notwendigkeit genauerer Analysen, als sie mit einem einfachen Rekurs auf die Menschenwürde geleistet werden. Und daß uns gerade die biomedizinische Forschung immer wieder zu schwierigen Präzisierungen jener objektiv-rechtlichen Schutzpflicht aus dem speziesbezogenen Begriff der Menschenwürde zwingt, ist weder neu, noch überraschend. Denn zu dem komplexen normativen Bild „des Menschen", das unsere Vorstellungen von uns selbst als Gattungswesen prägt und leitet, gehört weitaus mehr als die Frage, was ein schutzwürdiges menschliches Individuum ausmacht, nämlich auch die, was eine schützenswerte menschliche Gesellschaft kennzeichnet, welche Formen der Solidarität mit heutigen und künftigen Generationen etwa, und vieles andere. Und ebenfalls nicht überraschend sind daher die Irritationen, die mit jenem Zwang zur Klärung zunächst einherzugehen pflegen. Als vor zwei Jahrzehnten die Technik der In-vitro-Fertilisation eingeführt, das erste „Retortenbaby" geboren wurde, sahen viele Skeptiker unser Menschheitsbild, eben jenen Würdebegriff im speziesbezogenen Sinne, bedroht. Heute leben Millionen in vitro gezeugter Menschen. Wer würde ihre Existenz oder deren Ursprung im Ernst als Anschlag auf unsere kollektive Würde empfinden?

Das Beispiel ist, verglichen mit unserem gegenwärtigen Problem, gewiß federleicht. Aber es verdeutlicht die Plastizität und die Wandelbarkeit des Begriffs unserer Gattungswürde, und damit auch seine Ideologieanfälligkeit. Seine Konturen in einer so komplexen Frage wie der der verbrauchenden Forschung an Embryonen genauer zu bestimmen, kann nicht allein und nicht unmittelbar die Aufgabe des Rechts sein. Denn dieses findet in einer vage projizierten „Spezieswürde" keinen Begriff vor, der ohne weiteres subsumtionstauglich wäre. Es kann aber andererseits auch nicht allein in einer empirischen Erkundigung bei den derzeit in der Gesellschaft vorfindlichen Menschenbildern bestehen. Denn diese mögen sich dem genaueren Blick als ideologisch imprägniert darstellen, wie sie es in der Vergangenheit vielfach gewesen sind.

3. Daher muß die rechtliche Analyse um eine ethische ergänzt werden. Das Ergebnis „Zulässigkeit der verbrauchenden Stammzellforschung an Embryonen" kann sie allein so wenig begründen wie dessen Gegenteil. Aber sie gibt den Weg für die Ethik frei. Einem moralischen Votum für die verbrauchende Embryonenforschung und damit der möglicherweise sogar gebotenen Änderung des ESchG steht jedenfalls nicht die Verfassung im Weg. Adolf Laufs bestreitet das.[108] Aber nicht zuletzt von ihm habe ich gelernt, wie man zu argumentieren hat, wenn man ihm widersprechen will.

---

[108] Zuletzt (im Hinblick auf die Präimplantationsdiagnostik) in Schriftenreihe JVL 17 (2000), S. 81 ff., 83 f.

Begrüßung zum Symposium „Medizinrechtliche Probleme der Humangenetik“ anläßlich der Emeritierung von Herrn Professor Dr. Dr. h.c. Adolf Laufs

Thomas Hillenkamp

Meine sehr verehrten Damen und Herren,

eine Begrüßung steht in der Regel am Anfang, ist nach den Anleitungen des Handbuchs der Begrüßungsansprachen stets eine Ehre und eine Freude für den Begrüßenden und gilt den gemeinhin zahlreich, voran den nach mühevoller Anfahrt oder hoch betagt Erschienenen, bisweilen auch namentlich unter allen bedeutenden den besonders hervorzuhebenden Gästen. Auch gibt sie der Erwartung Ausdruck, es möge gelingen, worauf die Begrüßung zielt. Wenn ich Sie – verehrte Versammlung – im Namen des Direktoriums des Instituts für Deutsches, Europäisches und Internationales Medizinrecht, Gesundheitsrecht und Bioethik der Universitäten Heidelberg und Mannheim – der Kürze seiner bisherigen, im Herbst 1998 beginnenden Geschichte korrespondiert besser: des IMGB – zu unserem Symposium begrüße, will ich von Kultur und Ritual solcher Eröffnungen nicht in allem abweichen, ehrt und freut es mich doch in der Tat, eine so illustre Schar für unser heutiges Vorhaben gewonnen und zur Überwindung mancher Distanz und mancher Beschwerlichkeit ermuntert zu haben. Auf die Begrüßung der Hochbetagten lassen Sie mich aber schon aus Courtoisie, auf das namentliche Hervorheben einzelner deshalb verzichten, weil ich mich in Übereinstimmung mit demjenigen weiß oder wähne, dem die Versammlung gilt, wenn ich mich schlicht und herzlich darüber freue, daß sich in dieser Versammlung Große des Fachs, nachrückende Hoffnungen, Kolleginnen, Kollegen und Freunde vieler Disziplinen, aber auch Studentinnen und Studenten zu einer wahrhaft akademischen Gemeinschaft vereinen, in der Adolf Laufs lebt, der er bedarf, die er genießt und in der ihm der Nachwuchs nie minder als der streitbare Kollege oder der verehrte Veteran am Herzen lag. So fühle sich jeder, und so heiße ich jeden in dieser Gemeinschaft willkommen.

Sie hat sich nicht von ungefähr in den Räumen der Heidelberger Akademie der Wissenschaften versammelt, deren Mitglied Adolf Laufs seit 1976 ist, zu deren Auftrag, Vereinigung von Gelehrten zur Pflege wissenschaftlichen Austauschs und zur Förderung interdisziplinärer Forschung zu sein, er allerdings der übrigen Mitglieder nur eingeschränkt bedarf. Denn wie nur wenige neben ihm ist Adolf

Laufs imstande, das belebende Zwiegespräch zwischen den Disziplinen mit sich selbst zu inszenieren und die Funken des lebendigen Geists aus seinem ihm eigenen enzyklopädischen Wissen zu schlagen: Rechts- und Verfassungsgeschichte sind seine Wurzeln und Heimstatt, Deutsches Privatrecht, das Bürgerliche Recht sein Metier, Medizinrecht ihm – dem großen Sohn einer Arztfamilie – seit Habilitationstagen Leidenschaft und Berufung. Wo stünde dieses Fach ohne ihn? Wer hätte es mit vergleichbarer Wirkung gestaltet?

Emeritus – verehrter Herr Laufs – heißt „ausgedient", die kleine Ehrung, die wir Ihnen heute entbieten, ist mehr als verdient. Aber sie will Sie nicht vollends nach Waldhilsbach entlassen, nicht zu Haus und großer Familie, zu Waldläufen durch die Auen und auch zu ihren Obstplantagen nicht ganz, selbst wenn diese über die von Ihnen möglicherweise gepflogene Gentechnik die Beziehung mit dem Medizinrecht locker erhielten. Wir möchten Sie nicht entpflichten, nicht von der Wissenschaft und ihrem unersetzlichen Rat, nicht gänzlich aus dem Heidelberg-Mannheimer Institut, in das Sie aus der Heidelberger Arbeitsstätte für Medizinrecht Werk und Namen eingebracht haben. Wir freuen uns deshalb dankbar, daß Sie unser Zeichen nicht anders erdeuten. Denn daß wir zu Ihrer eigenen Ehrung auch Ihren Beitrag in Rede und Diskussion erwarten, zeigt uns, wie Sie „Emeritierung" verstehen, nämlich so, daß man sie füglich mißachtet, wenn der Sinn danach steht und wenn das Weiterweben am schon lange gesponnenen Faden des Medizinrechts der führenden Hand, des Webplans des Meisters bedarf.

Meine Begrüßung – meine Damen und Herren – steht nicht für alle am Anfang. Viele waren schon Gast unseres „Rings", der sich heute mit Vorträgen und einer Diskussionsrunde bekränzt, nachdem er sich durch drei bereits zurückliegende Vorlesungen zu einem glanzvollen Träger gerundet hat. Unser Thema war und ist die Humangenetik, ihre medizinrechtlichen Probleme im Vordergrund. Zu ihnen kehren wir heute erst im dritten der angekündigten Vorträge zurück, mit dessen Titel Adolf Laufs aus dem Dreigespann der Legitimationserfordernisse ärztlichen Handelns, der Indikation, der Einwilligung nach Aufklärung, den fachlichen Standards mit dem Informed Consent das autonomiewahrende Herzstück in das Blickfeld, ja Zentrum des in der Humangenetik denkbarerweise Erlaubten von allem Machbaren rückt. Zuvor scheinen wir die rechtliche Einengung unseres Themas zwar zu mißachten, wenn Claus Bartram als Direktor des Instituts für Humangenetik an unserer Universität, als auch klinischer Genetiker über das uns verträgliche Maß innerhalb dessen, was prädiktiver genetischer Diagnostik möglich ist, räsonniert und Ursula Wolf uns philosophische Horizonte eröffnet. Daß wir damit in unser Generalthema eingebunden bleiben, muß ich dem hier versammelten Sachverstand aber nicht weiter erklären. Niemand wird die rechtlichen Probleme der Humangenetik lösen, ja nicht einmal verläßlich benennen, der die klinischen Möglichkeiten und Grenzerfahrungen nicht kennt, niemand Konsens und Rechtsfrieden stiften, der sich den ethischen, den philosophischen Fragen entzieht. So können wir der Spannung des Bogens mit den ärztlichen, den philosophischen und den rechtlichen Saiten unseres Themas in der Gewißheit entgegensehen, daß die Pfeile der Diskutanten – auch wenn sie aus unterschiedlichen Köchern erwachsen – sich im schwarzen Kreis unseres Generalthemas treffen.

Hinzugesellen werden sich – aus der Vorrunde – Bernd-Rüdiger Kern und Reinhard Merkel. Matthias Herdegen mußte uns leider für heute eine Absage erteilen. Alle drei haben sich in ihren Vorträgen als Vertreter der drei großen Säulen unseres engeren Fachs Segmente geschnitten, die Fragen der Humangenetik und der dicht mit ihr verwobenen Reproduktionsmedizin verbanden. Dabei ist deutlich geworden, daß die Humangenetik, die Human-Genomforschung mit ihren hochdynamischen Fortschritten nicht nur ein Fascinosum an neuartiger Prävention, Diagnose und Therapie von Krankheiten bietet, an das sich angemessene und unangemessene Erwartungen beispielsweise zur Besiegung letaler Volkskrankheiten richten und dessen Potential an Gefälligkeitsdiagnostik die Fragen nach Indikation und Arztvorbehalt dringlich macht. Deutlich geworden ist auch, daß die genetische Revolution ein – wie wir alle in den letzten Monaten erleben konnten – Politik und Gesellschaft nicht ohne Grund umtreibendes Faß von wirklichen und unwirklichen Risiken und Ängsten, von moralischen und rechtlichen Fragen eröffnet hat, das unsere Vortragsreihe unvorhergesehen zur wissenschaftlichen Begleitmusik zahlloser Stellungnahmen, eines Ethikseminars des Bundestages und der konstituierenden Sitzung des nationalen Ethikrates werden ließ. Da wir mit Herrn Taupitz einen leibhaftigen Nationalrat unter uns hatten, boten die Vorträge Gelegenheit, sich in die anhebenden Bemühungen um profunde erarbeitete und unter den beteiligten Disziplinen abgestimmte Empfehlungen schon ab ovo mit einzubringen und erste Skizzen dazu zu liefern, wie unerläßliche rechtliche Grenzziehungen in Regelungswerken aussehen könnten, die Eugenik und Selektion verbannen, die die deutsche Wissenschaft aus dem internationalen Forschungswettbewerb aber auch nicht ausschließen und sie nicht auf das Petersburger Angebot verweisen, das laut FAZ lautete: „Bei uns können Sie mit Föten arbeiten". Daß Prometheus nicht im Gewande des Genetikers mit der ihm von Goethe zugeschriebenen Hybris einziehen und Menschen nach seinem Bilde formen, daß der achte Schöpfungstag nicht anheben sollte, war sicher Konsens. Gleichwohl haben die drei Referenten nicht nur nach Grenzziehungen, sondern auch nach Grenzöffnungen gesucht. Und obwohl sie ganz unterschiedliche Gegenstände wie die pränatale und die Präimplantationsdiagnostik, die Stammzellenforschung, aber auch die Auswirkungen prädiktiver Medizin auf das Arbeits- und Versicherungswesen zum Objekt ihrer Überlegungen gemacht haben, führten doch alle drei Wege bei den behutsamen Öffnungen auf eine gemeinsame, die Frage nach der Menschenwürde zurück. Es wurde deutlich, daß der unlängst noch einmal von Benda in der Kirchentagsdiskussion gegebene Bescheid, es sei mit dem Abwägen schon aus verfassungsrechtlichen Gründen vorbei, sobald man dem Embryo Menschenwürde zuspreche, den Diskussionsstand nicht mehr vollends trifft. Denn auch bei dieser für die Rechtspolitik unüberschreitbaren Schranke „bewegen sich" – wie Adolf Laufs es sagt – „die Interpretationen und das abwägende Verständnis". Herdegen hat deshalb seinen Respekt vor dem Bundesverfassungsgericht mit der auflockernden Erwägung verknüpft, die Menschenwürde durchlaufe einen Prozeß der Verdichtung, vor dessen Ende die Einbringung objektiver Gegeninteressen möglich sei. Die Verwerfung schwerst geschädigter Embryonen sei daher von Verfassungs wegen auch bei Zuweisung von Würde nicht a limine verboten. Merkel hat seinen deutlich minder ausgeprägten Respekt vor dem Bundesverfassungsgericht mit einem Modell verbunden, das einer Würde des einzelnen als kategorisch geltendes subjektives Grundrecht eine Würde der Menschheit als Gattung, eine speziesbezogene Menschenwürde gegenüberstellt, die in der Kollision mit gewichtigen Interessen der Abwägung zugänglich wird. Verbrauchende Embryonenforschung wird so moralisch und rechtlich möglich. Mir scheint, daß bei solchen Anstößen nötig wird, was Adolf Laufs in der Diskussion des Referats von Kern, der über das Recht auf Wissen und das Recht auf Nichtwissen zur Menschenwürde stieß, schon eingefordert hat: Daß wir aus den Abstraktionshöhen des obersten Konstitutionsprinzips ein Stück weit herabsteigen, daß wir handlicher als Kant und Dürig formulieren müssen, was Menschenwürde sein soll und was ihre Verletzung denn sei; daß wir dabei Art. 1 Grundgesetz zwar nicht zur Wanderdüne verkommen lassen, daß wir uns aber auch der Entwicklungsfähigkeit und Wandelbarkeit der scheinbar absoluten Menschenwürde nicht verschließen dürfen und daß wir im Sinne von Hans Jonas uns die konkrete Bedrohung des Menschenbildes ausmalen müssen, „um uns im Erschrecken davor eines wahren Menschenbildes zu versichern".

Warten wir deshalb gespannt, – meine Damen und Herren – was uns die heutige Sitzung und Diskussion hierzu bringt und welches Menschenbild, welches Bild von Würde uns vor Augen tritt. Wir tun dies, lieber Herr Bartram, in der Gewißheit, daß wir noch nicht das Resultat von Manipulationen unserer Vorfahren sind. Sollte und wird das so bleiben? Ich darf Sie bitten, uns darüber verläßlichen Aufschluß zu geben und Ihnen das Wort hierzu erteilen. Sie haben unser Ohr.

Wie viel Vorhersage verträgt der Mensch? Möglichkeiten und Grenzen prädiktiver genetischer Diagnostik*

Claus R. Bartram

Seit im Februar 2001 die nahezu vollständige Sequenz des menschlichen Genoms publiziert wurde, gehen viele Menschen von der Vorstellung aus, man könne jetzt im Buch des Lebens lesen und begreifen, was uns als Menschen im Kern ausmacht. Ohne die wissenschaftliche Bedeutung des Humangenomprojektes in Frage stellen zu wollen, muss diese Einschätzung doch als naiv bezeichnet werden. Man würde ja auch nicht dem Telefonbuch der Stadt Heidelberg entnehmen wollen, was die Heidelberger eigentlich denken, was sie beschäftigt. Die bisher bekannten Daten zum Genom des Menschen stellen eine wichtige Orientierungshilfe dar, sind Ausgangspunkt für eine detaillierte Abklärung genetischer Informationsflüsse in unserem Körper. Aber selbst wenn in ferner Zukunft alle komplexe Regelkreise unseres Genoms verstanden sein sollten, hätten wir damit nur eine, wenngleich wesentliche Komponente unseres Daseins charakterisiert. Der Mensch wird im Spannungsfeld von Umwelt und genetischer Konstitution stets mehr sein als die Summe seiner Gene.

Das Genom des Menschen

Bevor wir darauf eingehen, welche Aussagen sich zur Krankheitsanfälligkeit aus genetischen Analysen ableiten lassen und in welche Rahmenbedingungen eine derartige Diagnostik eingebettet sein sollte, sei zunächst kurz unser Kenntnisstand vom Genom des Menschen und dessen Störungen skizziert (1).

Unser Genom ist in Form von DNA ganz überwiegend im Zellkern, zu einem kleinen Teil in den Mitochondrien lokalisiert und besteht aus etwa 3 Milliarden Buchstaben (Basen). Bedenkt man, dass eine Kröte ebensoviel und eine Pflanze wie die Lilie sogar 30mal mehr DNA pro Zelle besitzt, so wird deutlich, dass weniger der Umfang als der Inhalt eines Genoms zählt. Diesbezüglich überrascht vielleicht, dass nur 3% unserer Erbinformation in den Botenstoff RNA und dann in die Funktionsträger des Lebens, die Proteine umgesetzt werden kann. Nimmt

---

* Herrn Prof. Dr. Dr. h.c. Adolf Laufs mit kollegialer Hochachtung als herzlicher Gruß zur Emeritierung gewidmet.

man noch Sequenzen, die für den koordinierten Informationsfluss in einer Zelle verantwortlich sind hinzu, so kommt man vielleicht auf 20% funktionsrelevanter DNA; der Anteil von evolutionärem Müll in unserem Genom liegt höher.

Die Anzahl der Erbträger ist beim Menschen noch nicht genau bekannt; derzeit geht man von 25 000-35 000 Genen aus. Ein Blick in die Evolution zeigt, dass auch diese Kenngröße uns nicht grundsätzlich von anderen Spezies unterscheidet. Während der wenige Millimeter große Fadenwurm C. elegans mit seinen genau 959 Zellen und einer Lebenserwartung von wenigen Tagen ca. 19 000 Gene aufweist, steuern nur etwa doppelt so viele Gene beim Menschen 10^{14} Zellen von 300 verschiedenen Gewebearten. Nicht die Zahl der Gene, sondern die Art der Umsetzung ihres Informationsgehaltes ist ausschlaggebend. So ist heute klar, dass die Zusammensetzung von Teilkomponenten eines Gens auf RNA Ebene stark variieren kann und zudem RNA wie Proteine sekundären Modifikationen unterliegen. Das alte Dogma "ein Gen – ein Protein" gilt also nicht mehr. Je nach Gewebekontext oder funktioneller Erfordernis können sehr unterschiedliche Produkte aus einem Gen entstehen. Hierdurch ergibt sich eine Ausweitung genetischer Steuerungsmöglichkeiten, welche die reine Zahl der Gene nicht widerspiegelt.

Die Frage, welches genetische Programm zu einer bestimmten Entwicklungsphase in einem spezifischen Gewebekontext realisiert wird, anders ausgedrückt, warum wir nicht eine amorphe Zellmasse sind, sondern über Kopf, Herz und Extremitäten verfügen, ist noch weitgehend unverstanden. Dies gilt erst recht für die Funktion der Genprodukte und ihre Interaktionen in den zahlreichen Signalkaskaden unserer Zellverbände.

Epigenetische Einflüsse

Weitere Steuerungsebenen des genetischen Informationsflusses sind zu beachten. So hängt die Aktivität einiger Gene davon ab, ob sie von der Mutter oder vom Vater vererbt wurden. Einige von ihnen entfalten ihre Funktion nur auf dem von der Mutter stammenden Chromosom, die väterliche Ausgabe ist stumm; auch zwei Ausgaben des Gens vom Vater können dann das Fehlen der mütterlichen Kopie nicht ersetzen. In anderen Fällen ist es genau umgekehrt. Dieser Prozess wird als genomische Prägung (genomic imprinting) bezeichnet (2). Tierexperimente haben gezeigt, dass der doppelte Chromosomensatz von jeweils einen Elternteil nicht mit dem Leben vereinbar ist; nur die Mischung der Genome von Vater und Mutter gewährleisten eine normale Entwicklung. Eine Reihe von Erkrankungen des Menschen beruhen auf Fehlern im Imprinting Prozess.

Der Prägevorgang betrifft die Rahmenbedingungen der Umsetzung von DNA in RNA (Transkription eines Gens). Die dichtgepackte Struktur aus DNA und Proteingerüst eines Chromosoms muss zunächst entflochten und solchen Faktoren zugänglich gemacht werden, die die Transkription eines Gens steuern. Hierzu dienen chemische Modifikationen des Proteingerüstes und spezifischer Erkennungssequenzen im Umfeld eines Gens, an welche die Transkriptionsmaschinerie bindet. Die Umkehrung dieser Prozesse führt dazu, dass der betreffende Genort inaktiviert wird. Beim Imprinting handelt es sich also um eine prinzipiell reversible Beeinflussung des Aktivitätszustandes der primären Erbinformation; man spricht von epigenetischer Regulation (3, 4).

Im Fall des Imprinting ist die epigenetische Modifikation von der elterlichen Herkunft des jeweiligen Gens abhängig. Epigenetische Prozesse beeinflussen aber darüber hinaus ganz allgemein die Aktivität von Genen. Störungen auf dieser Regulationsebene, die zu einer fehlerhaften Aktivierung oder Inaktivierung von Genen führen, können genauso gravierende klinische Folgen nach sich ziehen wie Veränderungen (Mutationen) im jeweiligen Gen selber (5).

In diesem Kontext ist auch bemerkenswert, dass selbst in hochspezialisierten Gewebeverbänden genetische Programme nicht irreversibel fixiert sind. Wie der Transfer von Zellkernen aus verschiedenen Gewebetypen in enukleierte Eizellen gezeigt hat (Dolly Verfahren), kann durch derzeit noch unbekannte Faktoren eine Reprogrammierung sogar bis zum Stadium embryonaler Potenz erfolgen (6). Diese Beispiele illustrieren, dass die Fokussierung auf die DNA Sequenz (Genomik) den verschiedenen Steuerungsebenen genetischer Information nicht gerecht wird. Wenn wir heute auf dem Gebiet der Genomik schon wesentliche Fortschritte zu verzeichnen haben, so stehen wir doch erst am Anfang eines Verständnisses der Funktionsträger (Proteomik); die Erfassung des Zusammenspiels aller Proteine im lebenden Organismus, die Physiomik, liegt in weiter Ferne.

Molekulare Aspekte der Individualisierung von Krankheiten

In der Medizin sind wir noch mit einer anderen Ebene der Komplexität konfrontiert. Hier geht es ja nicht nur um die Erfassung von Normalfunktionen, sondern um ein Verständnis von Störungen im genetischen Programm, die sich als Krankheit manifestieren (1). Wie vielschichtig diese Problematik ist, sei zunächst am einfach erscheinenden Modell sogenannter monogener Erbkrankheiten erläutert. Hier führt nach allgemeinen Verständnis die Störung in einem Gen zu einem bestimmten Krankheitsbild, dessen Weitergabe an nachfolgende Generationen den Mendelschen Regeln folgt. Zwar gibt es mehrere Tausend solcher Erbkrankheiten, insgesamt machen sie aber nur 3-5% aller Krankheitsfälle aus.

Wichtig ist, dass die spezifische Art der Veränderung (Mutation) in einem Gen das Krankheitsbild wesentlich beeinflusst. Als Beispiel sei eine der häufigsten autosomal resessiv vererbten Erkrankungen genannt, die Cystische Fibrose (CF, Mukoviszidose). In unserer Bevölkerung ist etwa jeder Zwanzigste ein gesunder

Überträger der CF, eines unter 2000 Neugeborenen erkrankt hieran. Die CF beruht auf einer Störung in einem Chloridkanal und ist mit einer erhöhten Viskosität von Schleim und anderen Drüsensekreten verbunden (7). Bei vielen CF Patienten kommt es zur Verlegung der Atemwege durch das zähe Sekret, zu Infektionen der Lunge und letztlich zum Herzkreislaufversagen im frühen Erwachsenenalter. Der Krankheitsverlauf hängt aber ganz entscheidend von der jeweiligen Mutation im CF Gen ab; über 900 Veränderungen sind bekannt. Die Symptomatik reicht von der geschilderten schweren Lungenproblematik zu milderen Verlaufsformen; bei einigen Patienten stehen Verdauungsprobleme durch Verstopfung der Bauchspeicheldrüse im Vordergrund oder eine Kombination von Symptomen beider Organsysteme. Eine gänzlich andere klinische Konsequenz bestimmter CF Mutationen liegt in der Fehlanlage der ableitenden Samenwege verbunden mit einer Unfruchtbarkeit betroffener Männer. Es zeigt sich also ein weites Spektrum ganz unterschiedlicher klinischer Probleme in Abhängigkeit von der präzisen genetischen Läsion.

Es ließe sich eine Fülle weiterer Beispiele anführen, mit teilweise drastischen Auswirkungen auf den klinischen Verlauf (8). So führt eine bestimmte Mutation in einem Wachstumsfaktorrezeptor (FGF Rezeptor Typ 3) zur Achondroplasie. Dieses Krankheitsbild ist vor allem durch einen Minderwuchs (~ 140 cm) bei normaler geistiger Entwicklung und Lebenserwartung charakterisiert. Eine benachbart liegende Mutation im FGFR3 Gen resultiert hingegen in einer unmittelbar nach der Geburt tödlich verlaufenden Atemproblematik bei einer Skelettfehlbildung, der Thanatophoren Dysplasie (9). Genotyp-Phänotyp Korrelationen dieser Art illustrieren wie unangemessen gerade im Zeitalter der Molekularen Medizin ein Schubladendenken ist. Überspitzt gesagt haben wir es nicht mit Krankheiten (z.B. Cystische Fibrose) sondern Kranken und ihrer je individuellen Problematik zu tun – nicht nur auf Grund ethischer Überlegungen sondern auf der Basis molekularer Fakten.

Umgekehrt kann ein Krankheitsbild oder eine bestimmte Symptomatik auch durch unterschiedliche Gendefekte hervorgerufen werden. Eine heterogene Krankheitsgruppe dieser Art bildet die Retinitis pigmentosa, welche über einen fortschreitenden Sehverlust mit Pigmentdegeneration der Netzhaut bis zur Erblindung führt. Mutationen in über zwei Dutzend Genen können diese Augenkrankheit hervorrufen.

Wir hatten diskutiert, dass verschiedene Mutationen in einem Gen ganz unterschiedliche Symptome hervorrufen können. Aber selbst bei identischer Mutation, beispielsweise bei Mitgliedern einer Familie, kann das Krankheitsbild erheblich variieren (10). Bei der Neurofibromatose (NF) Typ I, die mit einer Inzidenz von 1:3000 zu den häufigsten autosomal dominant vererbten Krankheiten zählt, reichen die möglichen klinischen Befunde von bräunlich pigmentierten Hautarealen über gutartige, aber kosmetisch störende Tumoren aus Bindegewebe und Nervenzellen (Neurofibrome) zu Skelettfehlbildungen oder sogar bösartigen Tumoren, ohne dass man von den Symptomen bei einem betroffenen Familienmitglied auf die eines anderen schließen könnte (11). Solche Unterschiede beruhen darauf, dass weitere, derzeit noch nicht bekannte Gene, den Phänotyp mit beeinflussen, modifizieren. Da hier gar nicht einmal die Krankheitsanlage zur NF als solche, sondern das individuelle Symptommuster für den Patienten entscheidend ist, kommt der Identifikation von "modifier" Genen eine wesentliche Bedeutung zu.

Während man bei der NF den Ursachen für die variable Expressivität, den unterschiedlichen Ausprägungsgrad des Krankheitsbildes, noch nicht näher gekommen ist, konnte diesbezüglich für eine der weltweit häufigsten Gruppen von Erbkrankheiten, den Hämoglobinopathien, erste Fortschritte gemacht werden (12). Der rote Blutfarbstoff (Hämoglobin) setzt sich aus α und β Ketten zusammen. Es stellte sich heraus, dass sich die Kombination unterschiedlicher Mutationen in α bzw. β Globinen in einem Patienten wechselseitig beeinflussen können und beispielsweise einen milderen Krankheitsverlauf bedingen als jede Mutationsart für sich. Zudem gibt es erste Hinweise darauf, dass Gene, die den Eisen- und Bilirubinstoffwechsel steuern, das Krankheitsbild von Patienten mit Hämoglobinsynthesestörungen modifizieren können.

Das heißt, auch sogenannte monogene Erbkrankheiten sind in Wirklichkeit komplexer Natur und können von anderen Genen oder auch Umwelteinflüssen erheblich moduliert werden. Hierzu noch ein Beispiel, der autosomal rezessiv vererbte Mangel an α1 Antitrypsin (7). Ein besonders schwerwiegender Defekt im entsprechenden Gen bedingt etwa ab dem vierten Lebensjahrzehnt die Entwicklung eines obstruktiven Lungenemphysems, das schließlich zum Herzkreislaufversagen führt. Raucht ein Patient mit α1 Antitrypsinmangel auch noch, dann entwickelt sich das Lungenemphysem durchschnittlich 15-20 Jahre früher als bei einem Nichtraucher mit der selben Mutation.

In diesem Kontext sollte nicht vergessen werden, dass eine Reihe exogener Noxen (z.B. Medikamente) während einer Schwangerschaft dem Embryo schädigen können und Krankheitsbilder hervorrufen, deren Erscheinungsbild mit dem von monogenen Erbkrankheiten übereinstimmt. Derartige Phänokopien sind, sofern die betroffene teratogene Noxen abgesetzt wird, mit keinem erhöhten Wiederholungsrisiko verbunden. Eine Abgrenzung zwischen Umwelteinflüssen und genetischer Komponente ist hier also von essentieller Bedeutung.

Umwelt und genetische Konstitution

Ist schon der Entstehungsprozess sogenannter monogener Erbkrankheiten sehr viel komplexer zu veranschlagen als erwartet, so gilt dies umso mehr für Volkskrankheiten, welche auf eine Vielzahl genetischer Störungen und Umwelteinflüsse zurückzuführen sind. Jede einzelne genetische Komponente kann hierbei wiederum von den zahlreichen modifizierenden Faktoren betroffen sein, die wir eben angesprochen haben.

So beruht jede Krebserkrankung auf einer Akkumulation von verschiedenen genetischen Defekten in einer Zelle, die überwiegend im Laufe des Lebens erworben werden (1). Erst wenn Schutzmechanismen wie die DNA Reparatur oder die immunologische Abwehr nicht mehr greifen und andere Stoffwechselprozesse in einer Zelle die Fehler nicht mehr kompensieren können, kommt es zur malignen Entartung. Einige krebsauslösende Noxen wie Virusinfektionen und insbesondere das Rauchen sind bekannt. Es gibt aber auch Menschen mit einer erblichen Krebsdisposition. Hiervon sind etwa 10% aller Krebskranken betroffen. Diese Menschen haben quasi als Hypothek einen Fehler im genetischen Programm, der zur Krebsentstehung beiträgt, bereits vererbt bekommen. Bei diesen Anlageträgern tritt Krebs früher auf als im Bevölkerungsdurchschnitt; zudem besteht eine Neigung zu mehreren Krebsarten und Gewebefehlentwicklungen, weil ja sämtliche Körperzellen den betreffenden Defekt aufweisen. Die molekularen Grundlagen solcher Tumordispositionen werden zunehmend entschlüsselt und damit auch bereits vor Erkrankungsausbruch abklärbar. Auf diesen Aspekt werde ich später eingehen. Hier sei zunächst festgehalten, dass es die Datensammlungen des Humangenomprojektes erleichtern, Details der komplexen Interaktionen von genetischer Konstitution und Umwelt zu präzisieren.

Als weiteres Beispiel sei die Abwehr von Infektionserregern genannt (13). Etwa 3% der Menschen in unserer Bevölkerung sind resistent gegenüber AIDS, weil sie eine der beiden Andockstellen nicht ausbilden, die das HIV Virus benötigt, um in Körperzellen einzudringen. Diese Variante in der Erbinformation eines Menschen ist also von erheblichem individuellem Nutzen. Andererseits kann auch eine erhöhte Anfälligkeit und Sterblichkeit gegenüber Infektionskrankheiten wie etwa Tuberkulose vererbt werden.

Eine andere Wechselwirkung, die immer stärker in den Blickpunkt der Medizin rückt, betrifft die Reaktion eines Menschen auf Medikamente, das Gebiet der Pharmakogenetik (14,15,16). Verschiedene Komponenten, welche chemische Verbindungen erkennen, transportieren oder verstoffwechseln, entscheiden darüber, ob ein bestimmtes Medikament die gewünschte Wirkung erzielt, keinen Effekt zeigt oder tödliche Komplikationen hervorruft. Bedenkt man, dass unerwartete Arzneimittelreaktionen in den USA bereits die fünfthäufigste Todesursache darstellen und in Deutschland etwa 20 000 Menschen jährlich hierdurch versterben, so erkennt man die Brisanz hinter dieser Art von Wechselwirkung zwischen Umwelt und genetischer Konstitution. Ein wichtiges Anliegen moderner Pharmaforschung ist es deshalb, genetische Parameter zu identifizieren, welche das individuelle Ansprechen auf ein Pharmakon vorhersagbar machen und andererseits

Medikamente zu entwickeln, die an den jeweiligen Stoffwechselstatus eines Patienten adaptiert sind.

Sind wir also doch auf dem Weg zum gläsernen Menschen, dessen genetische Grundausstattung und Reaktionsweise auf Umweltfaktoren vorhersagbar wird? Vielleicht trägt ein Beispiel aus dem Kreis psychiatrischer Erkrankungen zur realistischen Einschätzung der Situation bei. Zwillingsstudien haben ergeben, dass für die Entwicklung der Schizophrenie sowohl erbliche Komponenten wie auch Umweltfaktoren eine wichtige Rolle spielen. So erkrankt bei Ausbruch einer Schizophrenie der zunächst gesunde eineiige Zwilling in etwa 50% der Fälle, die genetische Veranlagung ist also von großer Bedeutung. Aber selbst wenn wir in einigen Jahrzehnten alle Einzelfaktoren kennen sollten, die den erblichen Anteil an der Krankheitsentstehung ausmachen – man rechnet hier eher mit einigen Dutzend als wenigen beteiligten Genen – so könnte man eben nicht sagen, ob ein betroffener Mensch erkrankt oder nicht, weil auch nicht genetisch determinierte Einflussgrößen wesentlich zum Entstehungsprozess beitragen.

Noch komplexer wird die Ausgangslage, wenn wir uns Verhaltensweisen von Menschen zuwenden. Rückschlüsse aus verhaltensgenetischen Studien an einfachen Tiermodellen lassen es als durchaus plausibel erscheinen, dass Grundmuster etwa von Emotion und Intelligenz genetisch geprägt sind (17), wobei der individuellen Ausgestaltung innerhalb dieses Rahmens erhebliche Freiheitsgrade zukommt. Es erscheint geradezu absurd, wenn beispielsweise berichtet wurde (18), dass männliche Homosexualität von einem Genort auf dem X Chromosom ausschlaggebend beeinflusst werde. Einer so komplexen Verhaltensweise wie sie die sexuelle Präferenz darstellt, kann keine einfache genetische Determination zu Grunde liegen – und entsprechend wurden die Befunde in der Folgezeit auch nicht bestätigt (19). Nachdenklich macht allerdings, dass derartige Analysen trotz außerordentlich dünner Datenlage ernsthaft in hochkarätigen Wissenschaftsjournalen diskutiert wurden. Vor den Nebelkerzen genetischer Deterministen sei gerade auch im wissenschaftsinternen Diskurs gewarnt.

Bei allen oben diskutierten Variablen weisen insbesondere Krankheiten, die auf einem Einzelgendefekt oder einer angeborenen Chromosomenanomalie beruhen, häufig charakteristische Symptome auf. Ein Kind mit Trisomie 21 (Down Syndrom) wird immer eine deutliche geistige Retardierung zeigen, das Spektrum möglicher äußerer Auffälligkeiten (z.B. Lidachsenstellung, Augenfalte, Vierfingerfurche) oder Organfehlbildungen (Herzfehler) variiert hingegen.

Eine kritische Abschätzung der tatsächlichen diagnostischen Aussagekraft einer genetischen Analyse ist für jeden medizinischen Kontext wesentlich, sei es bei der Abklärung einer manifesten Erkrankung oder bei Aussagen zur Krankheitsdisposition, die uns nachfolgend beschäftigen sollen.

Präsymptomatische Diagnostik – das Neugeborenenscreening

Unter präsymptomatischer Diagnostik versteht man die Möglichkeit, eine Krankheit oder Krankheitsdisposition noch vor Ausbruch klinischer Symptome zu erkennen. Es lassen sich verschiedene Ebenen unterscheiden, für die unterschiedliche Rahmenbedingungen zu beachten sind.

Einen Aspekt betrifft das sogenannte Neugeborenenscreening auf angeborene Stoffwechselstörungen (20). Hierfür wird allen Kindern in Deutschland einige Tage nach der Geburt etwas Blut aus der Ferse entnommen und auf eine begrenzte Zahl von Störungen z.B. des Aminosäurestoffwechsels oder der Schilddrüsenfunktion untersucht. An die Einführung einer diagnostischen Maßnahme für alle Neugeborene eines Landes sind natürlich verschiedene Voraussetzungen geknüpft. So muss die jeweilige Krankheit unbehandelt schwere Gesundheitsschäden hervorrufen, sie muss durch den Test noch rechtzeitig vor Krankheitsausbruch erkannt werden können und darf aus ökonomischen Gründen nicht allzu selten auftreten. Der Test selber muss zuverlässlich und kostengünstig sein, falsch negative Befunde (Patienten werden nicht diagnostiziert) sollten so gut wie nicht vorkommen, aber auch die Zahl falsch positiver Ergebnisse muss gering sein, um eine unnötige Beunruhigung der Eltern zu vermeiden. Von besonderer Bedeutung ist jedoch das Vorhandensein einer erfolgreichen Therapie.

Prototyp für diese bedeutende präventive Maßnahme in der Kinderheilkunde ist die Phenylketonurie (PKU), eine Störung im Stoffwechsel der Aminosäure Phenylalanin, die unbehandelt innerhalb der ersten Lebensjahre zu einer schweren, irreversiblen Hirnschädigung führt (21). Durch die konsequente Untersuchung von über 20 Millionen Neugeborenen konnte zwischen 1969-1993 gut 3000 Kindern in Deutschland dieses Schicksal erspart werden. Die Therapie besteht in einer phenylalaninarmen Diät, welche eine weitreichende Änderung der normalen Nahrungszufuhr bedeutet und auch mit psychologischen Problemen behaftet sein kann. Bei konsequenter Anwendung sind die Behandlungserfolge aber beeindruckend. Da der Nutzen dieser Art von präsymptomatischer Diagnostik erblicher Krankheitsbilder so deutlich belegbar ist, überrascht auch die breite Akzeptanz dieser Maßnahme in der Bevölkerung nicht. Andererseits sind die oben genannten Rahmenbedingungen auch nur recht selten komplett erfüllt, so dass derzeit nur knapp eine Handvoll Erkrankungen flächendeckend durch das Neugeborenenscreening erfasst werden (20).

Ein tragischer Aspekt soll nicht verschwiegen werden. So zeigte sich bei jungen Frauen mit PKU, bei denen die strenge Diät nach Abschluss der Hirnreifung gelockert oder ganz beendet wurde, dass im Rahmen einer Schwangerschaft der jetzt wieder hohe Phenylalaninspiegel das Kind erheblich schädigen kann und zu körperlichen Fehlbildungen und einer Beeinträchtigung der geistigen Entwicklung führt. Diese fruchtschädigende (teratogene) Wirkung von Phenylalanin war bis dahin nicht bekannt gewesen. Heute sollten Frauen bereits vor einer Schwangerschaft eine konsequente Diät einhalten. Dies zeigt, dass aus der Einführung sinnvoller diagnostischer Strategien durchaus gravierende Folgeprobleme resultieren können, die primär nicht abschätzbar sind. Deshalb ist es überaus wichtig, diagnostische und therapeutische Verfahren dieser Art nicht nur bei der initialen Einführung sondern auch im weiteren Verlauf im Kontext wissenschaftlich begleiteter Studien zu evaluieren.

Einschätzung von Risiken – pränatale Diagnostik

Die pränatale Diagnostik ist in diesem Kontext ein Sonderfall. Zur klinischen Manifestation der jeweiligen Krankheit kann es schon intra-uterin oder erst nach der Geburt kommen. Die wesentliche Problematik dieses Themenkomplexes resultiert aus der möglichen Entscheidung zum Schwangerschaftsabbruch. Dabei geht es nach § 218 ff StGB um die Beurteilung der Zumutbarkeit einer Schwangerschaft für die betreffende Frau. Eine umfassende Beratung unter Berücksichtigung des medizinischen Gesamtkontextes, der Möglichkeiten zur Behandlung bzw. Betreuung von Erkrankten sowie Hilfestellungen für betroffene Familien sollte Grundlage des stets am Einzelfall orientierten Entscheidungsprozesses sein.

Technische Vereinfachungen dürfen künftig nicht zur Aufweichung dieses Beratungskonzeptes führen. Denken wir etwa an die Chiptechnologie, die rasche Aussagen zu einer Vielzahl von Fragen zulässt. Nichts wäre gegen einen breit angelegten diagnostischen Chip für die Abklärung von Infektionskrankheiten einzuwenden, der unter Hunderten Kandidaten den aktuell relevanten Erreger herausfischt. Ein DNA Chip aber, der eine Überprüfung des Mutationsstatus der beispielsweise 30 häufigsten monogenen Erbkrankheiten ermöglicht, würde das bewährte Konzept genetischer Beratung ad absurdum führen, weil eine adäquate Darstellung der vielen individuellen Komponenten zahlreicher Krankheitsbilder werdenden Eltern weder zumutbar noch zu vermitteln ist. Eine Beratung nach Testung aber würde gerade unter dem dann gegebenen Zeitdruck eine Überforderung der Ratsuchenden darstellen und zur Verschärfung der Abtreibungsproblematik führen. DNA Chips sollten also nur so viel diagnostische Aussagekraft enthalten, wie sie vom Getesteten angemessen verarbeitet werden kann. DNA Chips zur Abklärung einer Vielzahl möglicher Erbkrankheiten etwa in der Pränataldiagnostik ist deshalb abzulehnen.

Die Notwendigkeit einer ausführlichen Besprechung der Aussagemöglichkeiten einer pränatalen Diagnostik möchte ich am Beispiel der sogenannten Altersindikation erläutern. Das Risiko für Störungen der Chromosomenzahl beim Kind (insbesondere Trisomie 21) steigt mit dem Alter der Mutter exponentiell an; zwischen dem 30. und 40. Lebensjahr etwa um das Zehnfache (22). Wem würde diese Aussage nicht Angst machen? Betrachtet man aber die absoluten Zahlen, dann hat eine Frau mit 30 Jahren ein Risiko von etwa 1:1000 im Vergleich zu 1:100 bei einer Vierzigjährigen. Wichtig für die Einschätzung der Gesamtsituation ist dabei auch die Frage, wie häufig – ganz unabhängig vom Alter – eine Schwangere mit einem größeren, genetisch oder nicht genetisch bedingten gesundheitlichen Problem beim Kind zu rechnen hat. Dieses sogenannte Basisrisiko jeder Schwangeren beträgt 3%. Das heißt, dass Risiko für ein Kind mit einer Chromosomenstörung liegt auch für eine Vierzigjährige unter dem Basisrisiko oder anders ausgedrückt, diese Frau hat eine Chance von über 95%, ein gesundes Kind zur Welt zu bringen. Das auf den ersten Blick erheblich erscheinende Risiko für eine Chromosomenstörung beim Kind relativiert sich also.

Die Tatsache, dass man Frauen ab 35 eine invasive pränatale Diagnostik anbietet, basiert übrigens nicht auf einem sprunghaften Anstieg des Risikos ab diesem Lebensjahr, sondern ergibt sich daraus, dass das Risiko für ein Kind mit einer Chromosomenanomalie ab dem 35sten Lebensjahr höher liegt als das mit der diagnostischen Maßnahme verbundene Risiko der Auslösung einer Fehlgeburt von 0.5%.

Die adäquate Vermittlung von statistischen Aussagen gehört übrigens zu den besonders diffizilen Aufgaben der Medizin (23). Allzu leicht suggeriert die gewählte Darstellungsform eine Schlussfolgerung, die durch die Realität nicht gedeckt wird. Auch Ärzte tragen häufig zur Verwirrung bei. Eine angemessene Ausbildung in der Interpretation und Kommunikation statistischer Daten ist beispielsweise für den Bereich der genetischen Beratung von essentieller Bedeutung, weil der Entscheidungsprozess eines Ratsuchenden oder Patienten wesentlich vom Verständnis statistischer Sachverhalte beeinflusst wird.

Ein anderer Weg zur Abklärung eines erhöhten Risikos für Erbkrankheiten in einer Familie ist das Screening der Bevölkerung auf Anlageträger häufiger autosomal rezessiver Krankheitsbilder (24). Die Anlageträger selber sind klinisch gesund. Mit einer statistischen Wahrscheinlichkeit von 25% werden 2 Anlageträger aber Kinder zur Welt bringen, die das jeweilige Krankheitsbild zeigen. In Populationen, bei denen ein Screening beispielsweise für Anlageträger von Hämoglobinopathien (Thalassämie) durchgeführt wird, ist es durch Inanspruchnahme pränataler Diagnostik oder seltener Verzicht auf eigene Kinder bei Paaren mit Risikokonstellation zu einem deutlichen Rückgang dieser Krankheitsgruppe gekommen. Auch hinsichtlich der cystischen Fibrose wird über die Einführung eines Screeningprogrammes diskutiert. Die Auswertung einiger Pilotprojekte weist aber auf eine Reihe von Schwachpunkten hin (25). So sind sich 3 Jahre nach Mitteilung des Befundes viele Anlageträge nicht mehr über dessen Bedeutung (sie hielten sich etwa für gesundheitlich beeinträchtigt) oder den eigenen Überträgerstatus im klaren. Gerade wenn es um Screeningverfahren großer Bevölkerungsgruppen geht, müssen die Rahmenbedingungen sorgfältig abgesteckt werden. Ich halte es für unangemessen in diesem Zusammenhang von Prävention einer hereditären Erkrankung zu sprechen, weil hier nicht alleine Verhinderung bzw. Vorbeugung einer Krankheit gemeint ist, sondern eben auch Verhinderung, Tötung von Erkrankten. Eine solche Entscheidung kann nur aus der Notlage einer bestimmten Frau abgeleitet werden und nicht aus Überlegungen zum Genpool einer Gesellschaft.

Prädiktive Diagnostik spätmanifestierender Erkrankungen

Die Diagnostik spätmanifestierender Erkrankungen repräsentiert ein besonders komplexes Feld der modernen Medizin (26,27). Hier geht es um den Nachweis - etwa im jungen Erwachsenenalter - einer Disposition für eine Krankheit, die erst Jahre oder Jahrzehnte später ausbricht. Diese Form der präsymptomatischen Analyse wird meist als prädiktive Diagnostik bezeichnet. Sie wurde erst mit der Einführung molekulargenetischer Techniken möglich und ist seit etwa 15 Jahren im klinischen Einsatz. Die prädiktive Diagnostik wird eine zunehmende Bedeutung in der Medizin erhalten und ich möchte deshalb ausführlicher auf verschiedene Aspekte dieses mit Hoffnung aber auch Sorge betrachteten Gebietes eingehen.

Die längste Erfahrung besteht hinsichtlich der Chorea Huntington, einer zugleich besonders schwierigen Situation. Die Symptome beginnen bei dieser Krankheit etwa im 4. Lebensjahrzehnt, allerdings mit einer Schwankungsbreite zwischen Kindes- und Greisenalter (28). Erste Anzeichen können Depressionen oder eine Bewegungsunruhe sein. Über einen Zeitraum von 5-10 Jahren kommt es zum vollständigen Verlust der intellektuellen Fähigkeiten bis etwa 15-20 Jahre nach Krankheitsausbruch der Tod eintritt. Häufig treten die ersten Symptome also auf, wenn die Patienten schon Kinder haben, für die dann ein Risiko von 50% besteht, ebenfalls Genträger zu sein und fast unausweichlich zu erkranken. Der entsprechende Gendefekt ist seit 1993 bekannt und relativ einfach molekulargenetisch zu analysieren (29). Derzeit existiert keine kausale Therapie.

Es stellt sich zunächst die Frage, ob eine prädiktive Diagnostik eines derart schweren, nicht behandelbaren Leidens überhaupt statthaft ist. Es gibt gut nachvollziehbare Argumente für bzw. gegen eine Testung und die Entscheidung kann jedes Mitglied einer betroffenen Familie nur für sich selber treffen. Der eine möchte Gewissheit haben, um beispielsweise seine Familienplanung oder auch die Berufswahl auf die genetische Konstellation abzustimmen, der andere lebt besser mit der Ungewissheit. Der jeweilige Ratsuchende muss zudem bedenken, dass das Recht auf Wissen wie das Recht auf Nichtwissen nicht nur in Bezug auf die eigene Person gegeneinander abgewogen werden muss; ein Testergebnis kann auch Implikationen für andere Familienangehörige haben, die eventuell eine andere Einstellung zu dieser diagnostischen Möglichkeit haben. Wäre etwa die Großmutter väterlicherseits an Chorea Huntington verstorben und ihr Enkel würde sich mit 20 Jahren testen lassen, während sein 45 jähriger Vater die Ungewissheit bevorzugt, so würde der Nachweis der Genmutation beim Enkel gleichzeitig bedeuten, dass auch sein Vater erkranken wird.

Über Lösungsstrategien in dieser Konfliktlage muss noch vor Einleitung der Testmaßnahmen nachgedacht werden. Dem Ratsuchenden muss die Verantwortung aus seiner Entscheidung gegenüber anderen Menschen bewusst werden. Der Ratsuchende muss auch auf paradoxe Reaktionen wie depressive Verstimmungen angesichts eines eigenen unauffälligen Befundes hingewiesen werden - etwa aufgrund von Schuldgefühlen gegenüber betroffenen Familienmitgliedern. Angesprochen werden sollten zudem Lebensbereiche jenseits des unmittelbar medizinischen Kontextes, an die der Betroffene vielleicht noch gar nicht gedacht hat, wie etwa den geeigneten Zeitpunkt zum Abschluss einer Lebensversicherung.

Die mit der Chorea Huntington befassten medizinischen Fachgebiete haben sich frühzeitig und weitgehend übereinstimmend auf ein umfassendes interdisziplinäres Beratungskonzept verständigt, das den Zeitraum nach der Testphase mit einschließt; man spricht von der Trias Beratung-Diagnostik-Beratung (30, 31, 32). Im Falle der Chorea Huntington sind Neurologen, Psychotherapeuten und Humangenetiker in das Betreuungskonzept integriert.

Vor Einführung der prädiktiven Diagnostik war man davon ausgegangen, dass etwa 80% der Familienangehörigen mit erhöhtem Risiko einen Test durchführen lassen würden. Tatsächlich nehmen nach genetischer Beratung aber nur etwa 15-20% dieser Menschen die Möglichkeit wahr, wobei Frauen deutlich überwiegen (33). Viele Ratsuchende sind zum Zeitpunkt der Analyse über 50 Jahre alt und wünschen eine Abklärung gar nicht einmal für sich selber, sondern für ihre Kinder, die bereits wieder im reproduktionsfähigen Alter sind. Diese Menschen gehen häufig davon aus, dass sie in ihrem Alter schon kein wesentlich erhöhtes Krankheitsrisiko mehr besitzen. Deshalb muss ärztlicherseits auf die Tatsache hingewiesen werden, dass das Manifestationsalter der Chorea Huntington erheblich schwankt.

Auch wenn es mit Einführung der prädiktiven Diagnostik nicht zu einem signifikanten Anstieg von Selbstmorden im zeitlichen Zusammenhang mit der Befundmitteilung von Chorea Huntington gekommen ist, so gilt doch zu beachten, dass Anlageträger ein ähnlich hohes Suizidrisiko aufweisen wie klinisch manifeste Patienten (34, 35). In den beiden ersten Jahren nach Mitteilung des Testergebnisses kommt es bei etwa 2% der Anlageträger zu einer schweren psychischen Dekompensation. Auch dies ist ein Beleg dafür, dass die ärztliche Betreuung nicht mit der Ergebnismitteilung enden darf, sondern ein adäquates Nachsorgekonzept bereitstehen muss.

Eine pränatale Diagnostik der Chorea Huntington wird übrigens nur sehr selten in Anspruch genommen (36). Dies mag auch damit in Zusammenhang stehen, dass große Hoffnungen in die Entwicklung von Medikamenten gesetzt werden, welche die Krankheit heilen können oder zumindest den Ausbruch der Symptome soweit hinausschieben, dass der Betroffene diese Krankheit gar nicht mehr erlebt. Solche Erwartungen in die klinische Forschung der nächsten Jahrzehnte haben durchaus einen realen Hintergrund, bedenkt man die ersten Behandlungserfolge bei Tiermodellen der Chorea Huntington (37, 38).

Ein anderer Bereich, in dem die prädiktive Diagnostik eine zunehmende Bedeutung spielt, ist die Onkologie (1). Eingangs wurde schon kurz erwähnt, dass etwa 10% aller Krebspatienten eine genetische Läsion quasi als Hypothek vererbt bekommen haben, die zur Tumorentwicklung disponiert. Bei etwa 330 000 Neuerkrankungen an Krebs in Deutschland sind hiervon also jährlich einige zehntausend Mitbürger betroffen. Auch wenn sich viele der im Kontext der Chorea Huntington gewonnenen Erkenntnisse bei der prädiktiven Diagnostik von Krebserkrankungen nutzen lassen, so ergeben sich je nach Sachlage doch auch spezifische Konstellationen.

Berücksichtigt werden muss beispielsweise, ob bereits ein erfolgreiches Konzept für die Behandlung oder besser noch Prävention der jeweiligen Krebserkrankung etabliert werden konnte (39). So wird bei familiären Formen des Schilddrüsenkarzinoms die prophylaktische Entfernung der Schilddrüse empfohlen, wobei sicherheitshalber die Operation bereits im Vorschulalter erfolgen sollte. Anlageträger für eine Sonderform des erblichen Dickdarmkrebses, bei der es zur Entwicklung von Tausenden Polypen kommt (Familiäre Adenomatöse Polyposis, FAP) kommt ein noch eingreifenderes chirurgisches Verfahren zum Einsatz, die Entfernung des gesamten Dickdarms, wobei die Kontinenz aber erhalten bleibt (40). Der Eingriff sollte beim Jugendlichen bzw. jungen Erwachsenen durchgeführt werden, damit sich aus den Polypen nicht schon ein Krebs entwickelt hat.

Man sieht an diesen Beispielen, dass - wenn die Art der Disposition es erfordert - auch bereits bei Kindern eine prädiktive Diagnostik erwogen werden muss. Für alle Fälle aber, bei denen der Krankheitsausbruch erst im Erwachsenenalter zu erwarten ist, sollte diese diagnostische Maßnahme nicht vor dem 18. Lebensjahr erfolgen, um den Kindern später eine eigene Entscheidung über die ihr weiteres Leben sehr beeinflussende genetische Untersuchung zu ermöglichen (41).

Die oben genannten chirurgischen Interventionen beheben allerdings nicht andere gesundheitliche Probleme, die mit der vererbten Genmutation verbunden sind. So treten beim familiären Schilddrüsenkarzinom je nach Art der Mutation zusätzlich hormonelle Störungen in anderen Organen auf, die beispielsweise Blutdruckkrisen hervorrufen und deshalb einer lebenslangen ärztlichen Kontrolle bedürfen; auch die Schilddrüsenhormone müssen ersetzt werden. Bei der FAP zählen zu den möglichen weiteren Symptomen harmlose Pigmentflecken der Netzhaut, gutartige Knochentumoren aber auch Bindegewebswucherungen im Bauchraum, die tödliche Komplikationen nach sich ziehen können und Karzinome außerhalb des Dickdarms. Selbst bei relativ gut behandelbaren Tumordispositionen können somit weitere Komplikationen die Lebensqualität erheblich beeinträchtigen. Die Kenntnis der genetischen Disposition für Krebserkrankungen kann eine seelische Belastung darstellen und eine psychotherapeutische Begleitung erforderlich machen. Dies gilt insbesondere für Krankheitsformen wie dem familiären Brust- und Eierstockkrebs, bei denen entsprechende Betreuungskonzepte noch in der Entwicklungsphase sind (42).

Das Mammakarzinom stellt die häufigste Tumorart bei Frauen dar; jede zehnte Frau in Deutschland erkrankt hieran. Nur ein kleiner Teil der Brustkrebserkrankungen, etwa 5%, basieren auf einer erblichen Veränderung in den BRCA1 und BRCA2 genannten Genen, die einer prädiktiven Diagnostik zugänglich sind (1, 39). Ein zusätzliches Risiko besteht auch für andere Krebsformen, insbesondere der Eierstöcke. Das genaue Risiko, welches sich aus einer der zahlreichen Mutationen in diesen Genen ergibt, ist noch weitgehend ungeklärt. Erste Genotyp-Phänotyp Korrelationen deuten auf große Unterschiede im klinischen Verlauf hin und schwanken je nach Mutation zwischen einem mäßigen (30%) bis deutlich (85%) erhöhten Brustkrebsrisiko (43). Man erkennt, dass im Gegensatz zur Chorea Huntington oder der FAP, bei denen nahezu alle Anlageträger im Laufe des Lebens tatsächlich erkranken, die Durchschlagskraft (Penetranz) der BRCA Mutationen eingeschränkt ist und somit der Nachweis einer Mutation nicht gleichzusetzen ist mit dem sicheren Krankheitsausbruch.

In der genetischen Beratung geht es auch darum, das jeweilige Risiko (z.B. 80%), welches eine kumulative Angabe für die gesamte Lebenszeit darstellt, besser fassbar zu machen. So stellt sich für eine 30jährige Frau mit Anlage zum Brust- und Eierstockkrebs vielleicht die Frage nach der Realisation eines Kinderwunsches, bevor chirurgische Maßnahmen zur Krebsprophylaxe vorgenommen werden. In diesem Kontext ist es hilfreich, wenn man verdeutlicht, dass ein Lebenszeitrisiko von 80% nicht bedeutet, dass der Krebs mit großer Wahrscheinlichkeit in den nächsten Jahren auftritt; vielmehr mag das Risiko dieser Frau zwischen dem 30. und 40. Lebensjahr 6% betragen. Diese Art der Darstellung eröffnet Spielräume für die weitere Lebensplanung.

Vorsorgekonzepte wie eine Anleitung zur Selbstuntersuchung der Brüste und der Einsatz von bildgebenden Verfahren wie Ultraschall, Mammographie oder Kernspintomographie werden gegenwärtig auf ihren Stellenwert hin überprüft. Auch eine Prävention der Krebserkrankung durch Medikamente (Chemoprävention) ist in der klinischen Erprobung (44). Beim Brustkrebs scheinen Östrogen-Rezeptor Modulatoren vielversprechend (45). Fortschritte auf diesem Gebiet sind beim familiären Dickdarmkrebs durch Aspirin und andere nicht-steroidale Antiphlogistika erzielt worden (46, 47).

Besonders gravierend sind chirurgische Eingriffe wie die prophylaktische Entfernung beider Brüste und der Eierstöcke, die tief ins Körpererleben und die Persönlichkeit einer Frau eingreifen. Zwar gibt es erste Hinweise darauf, dass diese Maßnahmen das Krebsrisiko deutlich zu senken vermögen (48, 49), auf festem wissenschaftlichem Boden steht man hier aber noch nicht. In jedem Fall kann eine solche irreversible Entscheidung nur nach sorgfältiger Abwägung getroffen werden. Dabei fallen in der Stellung zu diesen Verfahren durchaus nationale Unterschiede seitens der Ärzte und Patientinnen auf. Der breiten Akzeptanz in Holland (50) steht etwa der sehr viel zurückhaltendere Einsatz in Deutschland gegenüber.

Es ist bisher noch nicht sicher, ob Empfehlungen, die sich angesichts einer genetischen Disposition für Tumorerkrankungen auf die Änderung von Verhaltensweisen und Lebensgewohnheiten beziehen, auch tatsächlich entsprochen werden. Ein nachdenklich stimmendes Negativbeispiel bietet das Rauchen, auf welches etwa 25% aller Krebstodesfälle zurückzuführen sind. Alleine in Deutschland wären jährlich 50 000 Krebstote weniger zu beklagen, wenn der Tabakkonsum eingestellt werden würde - kein noch so großer Fortschritt in der Molekularbiologie ist auf absehbare Zeit in der Lage, einen solchen Rückgang zu erreichen. Trotz der fürchterlichen Erfahrungen bei Männern steigt parallel zum Zigarettenkonsum die Inzidenz des Lungenkarzinoms bei Frauen ständig an. An mangelnder Aufklärung liegt es doch nicht. Beruhigt Raucher vielleicht, dass viele Tabakkonsumenten kein Karzinom entwickeln? Während sich Aussagen zum Zigarettenkonsum recht pauschal auf alle Menschen beziehen, mag die Ermittlung eines spezifischen Risikos im Kontext prädiktiver Diagnostik eine größere Motivation für gezielte Vorsorgemaßnahmen bewirken. Dennoch, Änderungen in der Ernährung oder körperlichen Aktivität sind für viele Menschen trotz aller Einsicht auf intellektueller Ebene schwierig zu verwirklichen (51). Noch steht etwa nicht fest, ob die beim familiären Brustkrebsrisiko empfohlenen halbjährlichen Untersuchungen zu jedem Kontrolltermin mit so viel Angst besetzt sind, dass viele Frauen sich diesem Vorsorgeprogramm entziehen. Es wird in vielen Bereichen darauf ankommen, Konzepte zu entwickeln, die nicht nur vom theoretischen Ansatz her überzeugen, sondern auch den individuellen Möglichkeiten Rechnung tragen.

Von größter Bedeutung bei der Abklärung einer erblichen Tumordisposition ist die umfassende Beratung vor Veranlassung des Testes. Nur sie gewährleistet, dass der Ratsuchende überhaupt zu einer autonomen, ihm angemessenen Entscheidung kommen kann. Zu berücksichtigen ist dabei, dass vielfach die Erwartungen von Ratsuchenden an den jeweiligen Gentest unrealistisch sind und beispielsweise von einer hohen individuellen Aussagekraft des Testergebnisses oder einem Angebot an zuverlässigen therapeutischen Interventionen ausgegangen wird (52). Nach ausgewogener Darstellung der Gesamtsituation nehmen etwa 50% der Frauen aus Risikofamilien für familiären Brustkrebs an prädiktiven Testverfahren teil, weniger als vor Beratung zunächst von den Ratsuchenden beabsichtigt, aber häufiger als im Falle der Chorea Huntington, bei der momentan keinerlei therapeutische Optionen bestehen (53).

In den USA wurde durch das kommerzielle Angebot von BRCA1/2 Tests die bewährte Grundkonzeption einer durch adäquate Beratung begleiteten prädiktiven Diagnostik durchbrochen (54). In Deutschland hat man sehr viel mehr Augenmaß in dieser Frage gezeigt. Mit den "Richtlinien zur Diagnostik der genetischen Disposition für Krebserkrankungen" hat die Bundesärztekammer erstmals alle Ärzte eine Landes auf ein interdisziplinäres Vorgehen auf diesem Gebiet verpflichtet (39). Dabei ging man von der Erkenntnis aus, dass kein Arzt in der Lage ist, all die komplexen Aspekte prädiktiver Diagnostik adäquat zu vermitteln. Der Facharzt für Humangenetik hat ebenso wie der Organspezialist oder Psychotherapeut wichtige Komponenten zur ganzheitlichen Betreuung des Patienten beizutragen. Eine Analyse der Veranlassung und Interpretation des Gentests auf die Anlage für FAP hat in den USA gravierende Fehlerquoten ergeben (55). Etwa ein Drittel der Ärzte war nicht in der Lage, das Testergebnis richtig zu bewerten. Die erwähnten Richtlinien der Bundesärztekammer tragen demgegenüber wesentlich zur Qualitätssicherung bei.

Bei Krankheitsdispositionen, für die erfolgreiche prophylaktische bzw. therapeutische Konzepte existieren, kann sich eine Konfliktsituation daraus ergeben, dass ein Patient die bei ihm erhobenen Erkenntnisse nicht anderen, ebenfalls gefährdeten Familienmitgliedern zur Verfügung stellt. Es gehört deshalb schon zum Themenkreis des ersten Beratungsgespräches, den Ratsuchenden auf die mögliche Bedeutung der bei ihm vorgenommenen Analyse für andere Menschen aufmerksam zu machen. Letztlich verweigern nur relativ wenige Patienten eine Kontaktaufnahme innerhalb der Familie (53). Der Arzt sollte ohne Einwilligung seines Patienten nicht in die Familienkonstellation eingreifen.

Fazit

Im Rahmen prädiktiver Diagnostik müssen so viele verschiedene Aspekte bedacht werden, dass nur eine sorgfältige Vorbereitung einen angemessenen Ablauf des Entscheidungsprozesses ermöglicht. Eine mängelbehaftete Diagnostik kann ebenso schwerwiegende Komplikationen nach sich ziehen wie eine fehlerhafte Therapie. In der Wissenschaft wie auch im gesellschaftlichen Diskurs besteht deshalb in Deutschland weitgehende Übereinstimmung, dass diese Form der Diagnostik auf den Gesundheitsbereich zu beschränken ist und einem medizinisch begründeten Ziel folgen sollte (26, 27, 56). Wesentlich ist die Beratung noch vor Einleitung des Testverfahrens, wobei häufig nur ein interdisziplinärer Ansatz eine angemessene Betreuung des Patienten gewährleistet. Informationen über das Internet oder andere Medien können das direkte Arzt-Patienten Verhältnis nicht ersetzen, geht es doch gerade darum, die individuellen Aspekte der jeweiligen Fragestellung zu berücksichtigen. Reine Informationsvermittlung führt noch nicht zum Zuwachs an Wissen und noch wichtiger ist ja die Stärkung der Entscheidungskompetenz des Ratsuchenden, ein Rückkopplungsprozess zwischen Patient und Arzt, der Zeit benötigt. Diese Zeit ist in den allermeisten Fällen auch vorhanden, da es im prädiktiven Bereich überwiegend nicht um die Abwehr unmittelbar bevorstehender medizinischer Probleme geht. Bei der prädiktiven Diagnostik sollte man sich also nicht unter Zeitdruck setzen (lassen).

Derzeit ist in unserem Lande die prädiktive Diagnostik durch freiwillige Selbstbeschränkung aller Beteiligten im oben skizzierten medizinischen Kontext verankert. Gerade auch im Rahmen internationaler Entwicklungen ist es aber vorstellbar, dass dieses Konzept in Frage gestellt wird. In diesem Falle sollte der Gesetzgeber einen Arztvorbehalt einführen (27). Genauer gesagt müsste es sich um eine Art Facharztvorbehalt handeln, da nicht jeder Arzt gleichermaßen zur Tätigkeit auf diesem Gebiet qualifiziert ist. Von diesem Vorbehalt wäre die Indikationsstellung und Vermittlung der Testergebnisse betroffen. Die praktische Durchführung der Analyse könnte auch bei anderen Berufsgruppen wie Biologen oder Chemikern liegen, wobei alle Labore an qualitätssichernden Maßnahmen teilnehmen müssten.

Gerade am Beispiel prädiktiver Diagnostik werden Entwicklungsstränge deutlich, die für das Zeitalter der Molekularen Medizin typisch sind. Zum einen erleben wir eine Individualisierung, die ihre Basis in einem immer detaillierteren Wissen um die molekularen Grundlagen von Krankheiten hat. Die Komplexität der Datenlage und ihre vielschichtigen Implikationen erfordern ein interdisziplinäres Vorgehen. Und schließlich müssen wir gerade in unserer molekular geprägten Ära zur "sprechenden" Medizin zurückfinden, damit bei der Fülle des technisch Machbaren das individuell Sinnvolle herausgearbeitet wird. Art und Umfang der Informationen, die sich ein Mensch zumuten kann, lassen sich eben nicht pauschal festlegen, sondern müssen jeweils neu ermittelt werden.

Diese Neuorientierung in der Medizin schließt auch ökonomische Überlegungen ein. Unser Gesundheitssystem ist ja nicht durch eine Kostenexplosion, sondern eine explosionsartige Ausweitung des Leitungskatalogs charakterisiert. Dies zwingt uns alle miteinander zur Prioritätensetzung, wenn wir eine angemessene medizinische Versorgung nicht nur denen offen halten wollen, die es sich leisten können - eine der schwierigsten Anforderungen an unsere Gesellschaft überhaupt.

Referenzen

1) Kulozik AE, Hentze MW, Hagemeier C, Bartram CR: Molekulare Medizin. Grundlagen, Pathomechanismen, Klinik. De Gruyter, Berlin 2000
2) Reik W, Walter J: Genomic imprinting: parental influence on the genome. Nature Rev. Genet. 2, 21-32, 2001

3) Singal R, Ginder GD: DNA methylation. Blood 93, 4059-4070, 1999
4) Ng HH, Bord A: DNA methylation and chromatin modification. Curr. Opin. Genet. Dev. 9, 158-163, 1999
5) Johnson CA: Chromatin modification and disease. J. Med. Genet. 37, 905-915, 2000
6) Wilmut J, Schnieke AE, McWhir J, Kind AJ, Campbell KHS: Viable offspring derived from fetal and adult mammilian cells. Nature 385, 810-813, 1997
7) Scriver CR, Beaudet AL, Sly WS, Valle D: The Metabolic and Molecular Bases of Inherited Disease. McGraw-Hill, New York, 1995
8) Wolf U: The genetic contribution to the phenotype. Hum. Genet. 95, 127-148, 1995
9) Moerlooze LD, Dickson C: Skeletal disorders associated with fibroblast growth factor receptor mutations. Curr. Opin. Genet. Dev. 7, 378-385, 1997
10) Wolf U: Identical mutations and phenotypic variation. Hum. Genet. 100, 305-321, 1997
11) Huson SM, Hughes RAC: The Neurofibromatoses: A Pathogenetic and Clinical Overview. Chapman and Hall, London, 1994
12) Weatherall DJ: Phenotype-genotype relationships in monogenic disease: lessons from the thalassaemias. Nature Rev. Genet. 2, 245-255, 2001
13) Brownstein DJ: Ecogenetics '98. Comparative genetics of resistance to viruses.
Am. J. Hum. Genet. 62, 211-214, 1998
14) Nebert DW: Pharmacogenetics and pharmacogenomics: Why is this relevant to the clinical geneticist? Clin. Genet. 56, 247-258, 1999
15) Xie HG, Kim RB, Wood AJ, Stein CM: Molecular basis of ethnic differences in drug disposition and response. Annu. Rev. Pharmacol. Toxicol. 41, 815-850, 2001
16) Spear BB, Heath-Chiozzi M, Huff J: Clinical application of pharmacogenetics. Trends Mol. Med. 7, 201-204, 2001
17) Baker BS, Taylor BJ, Hall JC: Are complex behaviors specified by dedicated regulatory genes? Reasoning from Drosophila. Cell 105, 13-24, 2001
18) Hamer DH, Hu S, Magnuson VL, Hu N, Pattatucci AML: A linkage between DNA markers on the X chromosome and male sexual orientation. Science 261, 321-327, 1993
19) Rice G, Anderson C, Risch N, Ebers G: Male homosexuality: absence of linkage to microsatellite markers at Xq28. Science 284, 665-667, 1999
20) Hoffmann GF, Machill G. 25 Jahre Neugeborenensreening auf angeborene Stoffwechselstörungen in Deutschland. Bestandsaufnahme, aktuelle Probleme und Ausblick. Montsschr. Kinderheilk. 142, 857-862, 1994
21) Muntain AC, Beblo S, Koletzko B: Phenoketonurie und Hyperphenylalaninämie. Montsschr. Kinderheilk. 148, 179-193, 2000

22) Buselmaier W, Tarivderdian G: Humangenetik. 2. Aufl. Springer, Berlin Heidelberg, 1999

23) Hoffrage U, Lindsey S, Hertwig R, Gigerenzer G: Communicating statistical information. Science 290, 2261-2262, 2000

24) Motulsky AG: Screening for genetic diseases. N. Engl. J. Med. 336, 1314-1316, 1997

25) Axworthy D, Brock DJH, Bobrow M, Marteau TM: Psychological impact of population-based carrier testing for cystic fibrosis: 3-year follow-up. Lancet 347, 1443-1446, 1996

26) Deutsche Forschungsgemeinschaft: Humangenomforschung und prädiktive genetische Diagnostik: Möglichkeiten, Grenzen, Konsequenzen. Stellungnahme vom 20.6.1999. In: DFG: Humangenomforschung – Perspektiven und Konsequenzen. Wiley-VCH Weinheim, 37-66, 2000

27) Bartram CR, Beckmann JP, Breyer F, Fey G, Fonatsch C, Irrgang B, Taupitz J, Seel KM, Thiele F: Humangenetische Diagnostik. Wissenschaftliche Grundlagen und gesellschaftliche Konsequenzen. Wissenschaftsethik und Technikfolgenbeurteilung 7, Springer, Berlin Heidelberg, 2000

28) Martin JB: Molecular basis of the neurodegenerative disorders. N. Engl. J. Med. 340, 1970-1980, 1999

29) Kremer B, Goldberg P, Andrew SE, Theilmann J, Telenius H, Zeisler J, Squitieri F, Lin B, Bassett A, Almqvist E, Bird TD, Hayden MR: A worldwide study of the Huntington's disease mutation. The sensitivity and specificity of measuring CAG repeats. N. Engl. J. Med. 330, 1401-1406, 1994

30) Went L: Guidelines for the molecular genetics predicitve test in Huntington's disease. J. Med. Genet. 31, 555-559, 1994

31) McKinnon WC, Baty B, Bennett RL, Magee M, Neufeld-Kaiser WA, Peters KF, Sawyer JC, Schneider KA: Predisposition genetic testing for late-onset disorders in adults. A position paper of the National Society of Genetic Counselors. JAMA 278, 1217-1220, 1997

32) American Society of Human Genetics Social Issues Subcommittee of Familial Disclosure: ASHG statement: professional disclosure of familial genetic information. Am. J. Hum. Genet. 62, 474-483, 1998

33) Harper PS, Lim C, Craufurd D: Ten years of presymptomatic testing for Huntinton's disease: the experience of the UK Huntington's disease prediction consortium. J. Med. Genet. 37, 567-571, 2000

34) Almqvist EW, Bloch M, Brinkman R, Craufurd D, Hayden MR: A worldwide assessment of the frequency of suicide, suicide attempts, or psychiatric hospitalization after predicitve testing for Huntington disease. Am. J. Hum. Genet. 64, 1293-1304, 1999

35) Bird TD: Outrageous fortune: the risk of suicide in genetic testing for Huntington disease. Am. J. Hum. Genet. 64, 1289-1292, 1999

36) Simpson SA, Harper PS: Prenatal testing from Huntington's disease: experience within the UK 1994-1998. J. Med. Genet. 38, 333-335, 2001

37) Yamamoto A, Lucus JJ, Hen R: Reversal of neuropathology and motor dysfunction in a conditional model of Huntington's disease. Cell 101, 57-66, 2000
38) Hughes RE, Olson JM: Therapeutic opportunities in polyglutamine disease. Nature Med. 7, 419-423, 2001
39) Bundesärztekammer: Richtlinien zur Diagnostik der genetischen Disposition für Krebserkrankungen. Deutsch. Ärzteblatt 95, B 1120-1127, 1998
40) Goss KH, Groden J: Biology of the adenomatous polyposis coli tumor suppressor. J. Clin. Oncol. 18, 1967-1979, 2000
41) Kommission für Öffentlichkeitsarbeit und ethische Fragen der Gesellschaft für Humangenetik e.V.: Stellungnahme zur genetischen Diagnostik bei Kindern und Jugendlichen. Med. Genetik 7, 358-359, 1995
42) Lodder L, Frets PG, Trijsburg RW, Meijers-Heijboer EJ, Klijn JGM, Duivenvoorden HJ, Tibben A,Wagner A, van der Meer CA, van den Ouweland AMW, Niermeijer MF: Psychological impact of receiving a BRCA1/BRCA2 test result. Am. J. Med. Genet. 98, 15-24, 2001
43) Devilee P: BRCA1/BRCA2 testing: weighing the demand against the benefits. Am. J. Hum. Genet. 64, 943-948, 1999
44) Hong WK, Sporn MB: Recent advances in chemoprevention of cancer. Science 278, 1073-1077, 1997
45) Narod SA, Brunet JS, Ghadirian P, Robson M, Heimdal K, Neuhausen SL, Stoppa-Lyonnet D, Lerman C, Pasini B, de los Rios P, Weber B, Lynch H: Tamoxifen and risk of contralateral breast cancer in BRCA1 and BRCA2 mutation carriers: a case-control study. Lancet 356, 1876-1881, 2000
46) Jänne PA, Mayer RJ: Chemoprevention of colorectal cancer. N. Engl. J. Med. 342, 1960-1968, 2000
47) Steinbach J, Lynch PM, Phillips RKS, Wallace MH, Hawk E, Gordon GB, Wakabayashi N, Saunders B, Shen Y, Fujimura T, Su LK, Levin B: The effect of celecoxib, a cyclooxygenase-2 inhibitor, in familial adenomatous polyposis.
N. Engl. J. Med. 342, 1946-1952, 2000
48) Hartmann LC, Shaid DJ, Woods JE, Crotty TP, Myers JL, Arnold PG, Petty PM, Sellers TA, Johnson JL, McDonnel SK, Frost MH, Jenkins RB: Efficiency of bilateral prophylactic mastectomy in women with a family history of breast cancer. N. Engl. J. Med. 340, 77-84, 1999
49) Rebbeck TR: Prophylactic oophorectomy in BRCA1 and BRCA2 mutation carriers. J. Clin. Oncol. 18, 100s-103s, 2000
50) Meijers-Heijboer EJ, Verhoog LC, Brekelmans CTM, Seynaeve C, Tilanus-Linthorst MMA, Wagner A, Dukel L, Devilee P, van den Ouweland AMW, van Geel AN, Klijn JGM: Presymptomatic DNA testing and prophylactic surgery in families with a BRCA1 or BRCA2 mutation. Lancet 355, 2015-2020, 2000
51) Marteau TM, Lerman C: Genetic risk and behavioral change. Brit. Med. J. 322, 1056-1059, 2001

52) Press NA, Yasni Y, Reynolds S, Durfy SJ, Burke W: Women's interest in genetic testing for breast cancer susceptibility may be based on unrealistic expectations. Am. J. Med. Genet. 99, 99-110, 2001

53) Julian-Reynier C, Eisinger F, Vennin P, Chabal F, Aurran Y, Noguès C, Bignon YJ, Machelard-Roumagnac M, Maujard-Louboutin C, Serin D, Blanc B, Orsoni P, Sobol H: Attitudes towards cancer predicitve testing and transmission of information to the family. J. Med. Genet. 33, 731-736, 1996

54) Cho MK, Sankar P, Wolpe PR, Godmilow L: Commercialization of BRCA1/2 testing: practitioner awareness and use of a new genetic test. Am. J. Med. Genet. 83, 157-163, 1999

55) Giardiello FM, Brensinger JD, Petersen GM, Luce MC, Hylind LM, Bacon JA, Booker SV, Parker RD, Hamilton SR: The use and interpretation of commercial APC gene testing for familial adenomatous polyposis. N. Engl. J. Med. 336, 823-827, 1997

56) Kommission für Öffentlichkeitsarbeit und ethische Fragen der Gesellschaft für Humangenetik e.V.: Positionspapier. Med. Genetik 8, 125-131, 1996

Was wollen und sollen wir wissen? Probleme der Humangenetik

Ursula Wolf

Die Möglichkeiten und Gefahren der Humangenetik werden seit dem vorläufigen Abschluss des Humangenomprojekts im Februar 2001 mit neuer Heftigkeit diskutiert. Ich konzentriere mich im Folgenden auf die Problematik des genetischen Wissens, auf die praktischen Probleme, die die Möglichkeit des Kennens der eigenen genetischen Ausstattung aufwirft. Dabei beschränke ich mich im wesentlichen auf den Versuch, eine gewisse Ordnung in die Debatte zu bringen, indem ich drei Problemdimensionen unterscheide. Erstens die Frage, ob das Kennen der eigenen Gene für das Individuum wünschenswert ist, also eine Frage des *individuellen* guten Lebens; zweitens moralische Fragen, Fragen mit Bezug auf die moralischen Rechte *anderer*; und drittens Probleme der Gerechtigkeit von Institutionen.

1. Fragen des guten individuellen Lebens

Gentests geben Auskunft über die Besonderheiten der genetischen Ausstattung des Individuums; die pränatale Diagnostik kann genetische Defekte des Foetus feststellen. Feststellen kann man insbesondere, ob ein Mensch Träger einer so genannten monogenen Erbkrankheiten ist, also einer Erbkrankheit, die sich an genau einem Gen festmachen lässt, wie beispielsweise Chorea Huntington. Doch auch häufigere Krankheiten wie manche Arten von Krebs, Diabetes usw. lassen sich vermutlich an einem genau bestimmten Gen festmachen.[1] Andere Krankheiten wie Asthma oder Bluthochdruck sind vermutlich mit einer Vielzahl von Genen verknüpft. Diese letzteren Krankheiten heißen in der derzeitigen Debatte auch Volkskrankheiten, was allerdings, wie die Beispiele zeigen, nicht genau der Grenzlinie zwischen monogenen und multigenen Krankheiten entspricht. Die Humangenetik kann bereits in vielen Fällen feststellen, ob ein Mensch Träger einer monogenen Erbkrankheit ist, aber teilweise auch schon, ob er Gene hat, die mitverantwortlich für nicht monogene Krankheiten sind. Strittig ist, ob dieses Wissen für die Person selbst uneingeschränkt nützlich und wünschenswert ist, ob es also für das gute Leben, das Glück oder Wohlbefinden des Individuums förderlich ist, ein solches Wissen zu haben.

---

1 Siehe Watson, Die Ethik des Genoms, FAZ 26.9.2000.

Ein Standardeinwand gegen das genetische Wissen lautet, dass es vorläufig eher nutzlos ist, weil die technische Entwicklung bisher weit hinter dem Wissen zurückbleibt. Beim Nicht-Änderbaren aber sind viele der Meinung, dass es nicht unbedingt zuträglich ist, es zu wissen. Dieser Einwand trifft deswegen nicht ganz zu, weil gentechnische Eingriffe nicht die einzig mögliche Handlungsreaktion auf genetisches Wissen sind. Vom Vorliegen der genetischen Disposition zu einer nichtmonogenen sogenannten Volkskrankheit zu wissen, kann nützlich sein; denn ob die Disposition zum Tragen kommt, hängt in diesen Fällen auch von äußeren Bedingungen ab, die man durch die Lebensweise beeinflussen kann. Vom Vorliegen einer schweren monogenen Erbkrankheit zu wissen kann ein Entscheidungsgesichtspunkt sein, wenn man Kinder haben will. (Solche Fragen der Auswirkung auf *andere* klammere ich im Moment noch aus). Und schließlich ist auch die Kenntnis von Dingen, die man nicht ändern kann, zumindest in der Weise nützlich, dass sie Fixpunkte angibt, die der Planung des künftigen Lebens zugrunde gelegt werden können. Ist es dann nicht im Ganzen gesehen doch gut bzw. nützlich für das gute Leben jeder Person, dass sie die eigene genetische Ausstattung möglichst genau kennt?

Das Kennenwollen von Faktoren, deren Auswirkung man teilweise steuern kann, scheint vernünftig. Doch auch hier muss man eine Einschränkung machen. Wie erläutert, lässt die genetische Diagnose wegen des komplexen Zusammenwirkens von Genen und äußeren Faktoren in der Mehrzahl der Fälle nur Prognosen mit einer mehr oder weniger großen Wahrscheinlichkeit zu, und wo wir mit Wahrscheinlichkeiten konfrontiert sind, ist auch ein Spiel mit dem Risiko eine sinnvolle Wahl.

2. Fragen der Moral

Wenn auf diese Weise das Interesse an einer genetischen Selbstkenntnis je nach Lebenskonzeption unterschiedlich ist, dann liegt, um zu den moralischen Problemen überzugehen, die Konsequenz nahe, dass es dem Individuum überlassen bleiben sollte, ob es sich Wissen über die eigenen Gene beschaffen will oder nicht. Nun zeigt sich am Beispiel der Humangenetik, dass diese nahe liegende Lösung nicht ohne Weiteres möglich ist. Denn was die Kritiker des neuen Wissens befürchten, ist ja gerade eine Verschiebung des gemeinsamen Selbstverständnisses und der gesellschaftlichen Praxis in der Weise, dass das genetisch fundierte Menschenbild in den Vordergrund rückt und immer mehr Druck entstehen wird, sich über die eigene genetische Ausstattung zu informieren, etwa wenn Institutionen ihre Leistungen von Gentests abhängig machen werden.[2]

---

2 Vgl. L. Siep, Ethische Probleme der Gentechnologie, in J. S. Ach/A. Gaidt, Hrsg., Herausforderung der Bioethik, Stuttgart-Bad Cannstatt 1993, 137-156.

Weil damit die Wahl einer Lebensweise verhindert wird, die weniger Information sucht als erreichbar, postulieren Kritiker des genetischen Wissens ein „moralisches Recht auf Irrationalität"[3] oder Nichtwissen, das sie vor dieser Entwicklung, die irgendwann jeden unter Druck setzen wird, einen Gentest machen zu lassen, schützen soll. Wie neuerdings von einem Recht auf Nichtwissen die Rede ist, nehmen wir umgekehrt in vielen Fällen eine Pflicht zu wissen an, insbesondere dort, wo Personen durch Nichtwissen andere schädigen oder Gesetze verletzen. Ich frage zuerst nach den Rechten und dann nach den Pflichten im Zusammenhang des genetischen Wissens.

a) Rechte

Der Begriff eines Rechts auf Nichtwissen ist wenig sinnvoll. Wenn Menschen ein generelles Recht auf Nichtwissen hätten, dürfte niemand mehr schlechte Nachrichten verbreiten, welche diejenigen, die auf ihrem Recht des Nichtwissens bestehen, verletzen könnten.[4] Das Recht auf Nichtwissen oder Irrationalität kann nur als Implikation eines grundlegenden Rechts verstanden werden, das wir akzeptieren. Es liegt nahe, sich auf das Recht zu berufen, dass jeder nach seinen eigenen Vorstellungen leben und sein Glück suchen darf, auch wenn die anderen der Meinung sind, dass er sein Glück verfehlt. Dieses Recht impliziert, dass jemand auch nach einer Lebenskonzeption leben darf, die nicht auf maximale Informiertheit und Rationalität ausgerichtet ist. Dieses Recht aber wird nicht dadurch angetastet, dass das gesellschaftliche Wissen wächst und sich damit auch die Grenzen dessen, was zum allgemeinen Wissen gehört und welches Wissen von jedem erwartet wird, verschieben, wie sie es immer getan haben und diesmal im Bereich der Gene tun.

Die rasante Entwicklung und Verbreitung der genetischen Sicht auf das Leben führt in der Tat zu einer zunehmenden Fixierung des Menschen auf die Beherrschung und Optimierung der eigenen biologischen Ausstattung. Diese Fixierung geht sogar so weit, dass ihr unbemerkt auch viele von denen unterliegen, die die Gefahren des genetischen Wissens und seiner Anwendung beschwören und das angebliche Recht auf Nichtwissen einklagen. Auch sie nämlich übersehen oft, dass durch das genetische Wissen nur eine Seite des Lebens beherrschbarer wird. Wie ein Leben verläuft, hängt aber von der Umwelt ebenso wie von den Genen ab. Daher ist die Befürchtung, die Genetik werde den Menschen durchsichtig und das Leben insgesamt berechenbar und beherrschbar machen, vollkommen unbegründet.[5] Es bleiben nach wie vor genügend Felder für das Nichtwissen.

---

3 FAZ vom 17.11.2000.

4 Dazu J. Harris, The Value of Life, London 1985, 208 f.

5 Was sich auch an der Vielfalt menschlicher Kulturen bei weitgehender genetischer Übereinstimmung zeigt (zu Recht betont von Reich, DIE ZEIT 15.2.2001).

Hinter der Betonung des Rechts auf Nichtwissen könnte jedoch auch etwas anderes stehen, nicht das Recht auf die Selbstwahl der Lebensweise, sondern das Recht, dass einem kein Leiden zugefügt wird, spezieller das Recht, dass Rücksicht auf die Verletzbarkeit durch schwere Bedrohungen genommen wird. Durch einen Gentest zu erfahren, welche Krankheiten einem bevorstehen, kann belastend sein, insbesondere dann, wenn keine Gegenmittel verfügbar sind. Dass hier echte moralische Probleme liegen, ist unbestreitbar. Auch dies sind allerdings keine speziellen Probleme des genetischen Wissens, sondern Probleme, die zwar jetzt im Umfang zunehmen, aber mit bisherigen diagnostischen Verfahren natürlich ebenfalls bestanden. Diese Fragen der allgemeinen Medizinethik kann ich hier nicht im Detail behandeln, würde aber festhalten, dass es sicher ein Recht des Individuums auf eine rücksichtsvolle Information gibt.

b) Pflichten

Angenommen Gentests sind ohne Aufwand für alle zugänglich, hat das Individuum dann sogar unter bestimmten Umständen eine moralische Pflicht, sich über seine Gene zu informieren? Das kann nur dort der Fall sein, wo die genetische Beschaffenheit Auswirkungen auf andere hat, also im Hinblick auf die Reproduktion. So *könnte* man annehmen, dass wer Kinder erzeugen will, eine moralische Verpflichtung haben wird, einen solchen Test machen zu lassen, sobald Gentest einmal so weit etabliert sind, dass sie für alle ohne Aufwand zugänglich sind, oder dass es eine Pflicht zur pränatalen Diagnostik beim Embryo im Mutterleib oder zur Präimplantationsdiagnostik geben wird, dass man also eine Verpflichtung haben wird, entsprechende Diagnosen bezüglich des Embryo einzuholen. Aber kann es überhaupt eine solche Pflicht geben, und worin genau und gegen wen besteht sie?

Es liegt nahe, dass der Bezugspunkt der künftige Mensch ist. Das ist insofern etwas merkwürdig, als er noch nicht vorhanden ist, und wenn man ihn aufgrund der genetischen Information nicht entstehen lässt, auch nicht vorhanden sein wird. Dieses begriffliche Problem scheint mir für die moralischen Probleme jedoch eher irrelevant zu sein; wir reden durchaus von Pflichten gegenüber künftigen Menschen. Worin aber würde die Pflicht bestehen bzw. worauf würde sie gründen? Da ich nicht an Pflichten einfachhin glaube, sondern nur an Pflichten als Folge von Rechten, die andere haben, müsste die Pflicht auf dem moralischen Recht auf Rücksicht gründen, zu dem gehört, dass wir anderen keinen Schaden und kein Leiden zufügen und sie vor Schaden bewahren, wo das für uns leicht ohne große Opfer möglich ist. Die Annahme einer solchen Verpflichtung wirft jedoch eine Reihe von Fragen und Problemen auf.

Überlegen müsste man zunächst, ob diese Verpflichtung grundsätzlich besteht oder nur dort, wo die Wahrscheinlichkeit relativ groß ist, dass das Kind behindert sein wird, etwa bei Erbkrankheiten in der Familie oder bei relativ hohem Alter der Frau usw. Weiter entsteht das Problem, dass wir uns Wissen über die Gene eines Wesens verschaffen, das nicht zustimmen kann, ob es uns in den Besitz dieser Information kommen lassen möchte.

Ein zusätzliches moralisches Problem entsteht, wenn die Genanalyse Befürchtungen bestätigt und ergibt, dass das Kind an einer schlimmen Krankheit leiden wird, jedoch (noch) keine gentechnischen Verfahren vorhanden sind, das zu ändern. Das führt in die Debatte um selektive Abtreibung. Selektive Abtreibung im frühen embryonalen Stadium ist für diejenigen keine Verletzung eines moralischen Rechts, die Abtreibung im frühen Stadium für generell moralisch akzeptabel halten. Für sie hat der Embryo als Wesen, das noch keine Leidensfähigkeit und keine Vorstellung vom eigenen Leben besitzt, noch nicht den Status eines Objekts der Moral – obwohl auch sie der Meinung sein werden, dass man mit Vorformen menschlichen Lebens nicht willkürlich umgehen sollte, sondern nur mit guten Gründen abtreiben sollte.

Wer also eine liberale Position zur Abtreibung vertritt, für den ist es ein moralisch legitimer Abtreibungsgrund, wenn die eigenen Lebenspläne durch die Sorge für ein behindertes Kind durchkreuzt würden. Auch wenn das Kind mit entsprechenden Hilfsmitteln zu einem erträglichen Leben fähig wäre, gibt es nach dieser Position keine Verpflichtung, das Kind auf die Welt zu bringen, wenn die Familie die Opfer, die das von ihr verlangen würde, nicht tragen will. Auf dem Boden einer liberalen Abtreibungsposition ist im übrigen auch die Abtreibung eines gesunden Embryo moralisch akzeptabel, wenn die Geburt eines Kindes zu diesem Zeitpunkt die eigenen Lebenspläne massiv stören würde.

Das zeigt im Übrigen, dass die von den Gegnern der pränatalen Diagnostik benutzte Rhetorik, niemand habe ein Recht auf ein gesundes Kind, ähnlich schief ist wie die Rede von einem Recht auf Nichtwissen. In der Tat hat niemand ein Recht auf ein gesundes Kind, und es hat auch niemand ein Recht auf ein Kind – ein solches Recht kann es schon deswegen nicht geben, weil Rechte, wie Dworkin sagt, eine Art Trümpfe sind, Ansprüche, die man gegenüber anderen oder der Gesellschaft geltend machen kann. Aber ein Recht auf ein Kind könnte man allenfalls gegen Gott oder die Natur einklagen, und das sind nicht die richtigen Adressaten für die Geltendmachung von Rechten. Das Recht, das Befürworter einer liberalen Abtreibungspraxis ins Feld führen, ist das Recht, sein Leben selbst zu bestimmen innerhalb der Grenzen, in denen das anderen nicht schadet. Das impliziert das Recht, dass eine Frau nicht gezwungen werden kann, ein bestimmtes Kind in die Existenz zu bringen, wenn sie *jetzt* kein Kind haben will, *überhaupt* kein Kind haben will, oder eben auch, wenn sie *dieses* Kind, das eine bestimmte Behinderung haben wird, nicht haben will.

Die schwierigere Frage ist die, ob und wann wir eine *Verpflichtung* haben könnten, den Embryo aufgrund der genetischen Information abzutreiben bzw. nicht zu implantieren. Man könnte sagen, dass eine solche Verpflichtung besteht, wo ein kurzes Leben mit schwerstem Leiden zu erwarten ist, so dass wir eine Pflicht zur Hilfe gegen das Leiden haben. Diese Hilfe können wir in einem solchen Fall nur um den Preis leisten, dass wir das Kind gar nicht zur Existenz kommen lassen, sondern das Leben des Embryo beenden. Wo hingegen Krankheiten und Defekte bestehen, mit denen man im Prinzip so umgehen kann, dass sie die minimalen Bedingungen eines sinnvollen menschlichen Lebens nicht verunmöglichen, würde man wohl nicht von einer *Verpflichtung* zur Abtreibung reden. Noch weniger, wo eine bloße Anlage zu einer nicht-monogenen Krankheiten erkennbar ist, deren Ausbruch nicht sicher und auch im Zeitpunkt nicht vorhersagbar ist.

Ein weiteres moralisches Problem der durch genetisches Wissen fundierten Fortpflanzung ist die Befürchtung der Behinderten, sie würden diskriminiert, wenn die Beseitigung defekter Gene oder die selektive Abtreibung künftiger Behinderter zur allgemeinen Praxis wird. Diese Reaktion ist sicher verständlich, jedoch muss man prüfen, ob sie schlüssig ist, denn die Rhetorik der Diskriminierung wird zwar viel verwendet, aber selten erläutert. Versuchen wir anhand eines Beispiels herauszufinden, was gemeint ist: In Zypern wird versucht, die Erbkrankheit Thalassämie in der Bevölkerung zu reduzieren.[6] Dabei wird kein direkter *staatlicher Zwang* ausgeübt, vielmehr bleibt die Entscheidung den Individuen überlassen. Es besteht jedoch *öffentlicher Druck*, keine Kinder mit der Erbkrankheit zu zeugen, und diese Situation wird dort allseits akzeptiert und für sinnvoll gehalten, aus zwei Gründen, einmal weil alle wissen, wie sehr die von der Krankheit Betroffenen und die Angehörigen leiden, zweitens weil für eine relativ klein bleibende Zahl von Kranken, die es immer noch gibt, eine möglichst gute medizinische Versorgung möglich ist, für beliebig viele aber nicht.

Wer ist hier Opfer einer Diskriminierung und warum, und wie ist die Praxis insgesamt moralisch zu beurteilen? Offensichtlich besteht öffentlicher Druck zugunsten einer bestimmten Handlungsweise, aber er richtet sich nicht gegen die Behinderten, sondern auf die Paare, die Träger der Erbkrankheit sind und Kinder zeugen wollen. Sie werden genetisch beraten, und es wird ihnen nahe gelegt, bei bestimmten Konstellationen keine Kinder zu zeugen bzw. den Embryo abzutreiben, erstens weil die Thalassämie für den künftigen Menschen ein schlimmes Leiden darstellt, zweitens weil das Leben der Betroffenen ein Stück weit erleichtert werden kann, jedoch mit einer sehr aufwendigen Versorgung, die nur möglich ist, wenn die Zahl der Betroffenen gering bleibt. Das impliziert auch, dass die Betroffenen selbst nicht Gegenstand von Druck oder Diskriminierung sind, sondern im Gegenteil, je weniger Menschen mit dieser Krankheit existieren, diese umso besser versorgt und betreut werden, umso mehr Rücksicht und Hilfe erfahren.

---

6 DIE ZEIT vom 15.02.01.

Es hat sich bisher gezeigt, dass im Kontext des genetischen Wissens dieselben ethischen und moralischen Probleme auftreten, die schon immer im Zusammenhang der medizinischen Diagnose vorkommen, nur in erweitertem Umfang.

3. Fragen der institutionellen Gerechtigkeit

Nun stellt sich die Frage nach dem richtigen Umgang mit dem genetischen Wissen nicht nur für das Individuum mit Bezug auf sich selbst und seine Reproduktion, sondern auch für Institutionen wie Polizei, Versicherungsunternehmen und Arbeitgeber. Die Frage, ob diese genetische Information verlangen, speichern usw. dürfen oder das Individuum sie zumindest dann nicht geheimhalten darf, wenn es sie selbst eingeholt hat, wird kontrovers diskutiert. Die involvierten moralischen Fragen sind teilweise schwierig, allerdings nicht neuartig. Es handelt sich vielmehr auch hier um bekannte Probleme, die infolge der Zunahme genetischen Wissens nur quantitativ in größerem Stil auftreten. Zwei wichtige Beispiele sind das der Berufswahl und das der Versicherungen.

Dass bestimmte Krankheiten für die Ausübung bestimmter Berufe hinderlich sind oder zur Gefährdung anderer führen, wird man kaum bestreiten, und es ist daher legitim und auch bisher üblich, für Berufe mit bestimmten gesundheitlichen Anforderungen Diagnosen des Gesundheitszustands zu verlangen. Insbesondere dort, wo jemand in seinem Beruf hohe Verantwortung für andere trägt, sind strenge Anforderungen an die Gesundheit selbstverständlich; das gängige Beispiel ist das des Flugpiloten. Aber auch wo jemand eher sich selbst schadet, weil er krank werden wird und außerdem nach kurzer Zeit einen neuen Beruf erlernen wird müssen, ist kaum strittig, dass man ihm den betreffenden Arbeitsplatz nicht geben sollte, und wer halbwegs vernünftig ist, wird ihn auch selbst nicht haben wollen, also beispielsweise eine Anstellung als Bäckerlehrling, wenn man eine Mehlallergie hat.

Auf der anderen Seite könnte, wenn wir einmal genau über die genetische Verankerung von krankhaften Reaktionen auf äußere Bedingungen wissen, die Folge sein, dass Arbeitgeber erstens Druck ausüben, dass man ihnen einen Gentest vorlegt, und dass zweitens unter einer solchen Praxis diejenigen, die defekte Gene habe, oft grundlos benachteiligt würden. Denn angenommen die genetische Verankerung multigener Krankheiten wird einmal vollständig bekannt sein, dann bleibt ihr Ausbruch und der Zeitpunkt des Ausbruchs eine Angelegenheit von Wahrscheinlichkeiten, weil er auch von den Lebensbedingungen und der Lebensweise der Person abhängt. Und einer Person einen Arbeitsplatz aufgrund unklarer Wahrscheinlichkeiten zu versagen, stellt ein Problem dar. Man könnte weiterhin befürchten, dass Arbeitgeber noch weniger als bisher in den Gesundheitsschutz am Arbeitsplatz investieren werden, mit dem Argument, sie würden nur Leute einstellen, die genetisch resistent gegen bestimmte Bedingungen sind.

Genauer zu diskutieren wäre hier, was die Kriterien einer fairen Vergabe von Arbeitsplätzen sind, welche Kriterien überhaupt zur Anwendung kommen dürfen, welche Angaben von der Person verlangt werden dürfen usw. All dies sind keine Fragen, die speziell mit Genetik zu tun haben, sondern typische Gerechtigkeitsprobleme.

Betrachten wir zum Schluss das Beispiel der Versicherungen. Private Krankenversicherungen haben derzeit hierzulande *faktisch* das Recht, bei Vertragsabschluss über den Gesundheitsstand des Versicherungsnehmers informiert zu werden und bei Personen mit höheren Risiken höhere Beiträge festzusetzen. Diese Information wird bisher durch eine gewöhnliche medizinische Untersuchung gewonnen, und wenn einmal die Diagnose durch genetische Tests Standard sein wird, dann ist zu erwarten, dass diese zur Grundlage gemacht werden. Das zeigt nebenher, dass es auch nach alten Verfahren kein absolutes Recht auf Nichtwissen gibt; wer einer privaten Versicherung beitreten will, muss in jedem Fall Ergebnisse einer medizinischen Untersuchung vorlegen. Ebenso gibt es kein Recht der Verheimlichung von Wissen, das man selbst besitzt, und auch das ist unabhängig von der Methode, mit der man es sich beschafft hat.

Hier bestehen zweifellos Probleme des Schutzes persönlicher Daten, die aber wiederum nicht neu sind, sondern nur quantitativ zunehmen. Dass dieser Punkt in der öffentlichen Debatte als neuartig hochgespielt wird, lenkt im übrigen von mindestens ebenso wichtigen Fragen ab: der Frage, wie ein *gerechtes* Versicherungssystem aussieht, ob die Zweiteilung zwischen gesetzlicher und privater Versicherung sinnvoll ist, ob es nicht eine gleiche Basisversorgung für alle zu den gleichen Kosten unabhängig von ihren Risiken geben sollte, ob es überhaupt fair ist, dass diejenigen, die krank sind oder ein größeres Risiko haben, krank zu werden, höhere Beiträge zahlen usw. Das sind klassische Gerechtigkeitsfragen, die in diesem Fall außerdem ökonomische Kenntnisse verlangen und nicht leicht zu beantworten sind. Ich bin daher froh, dass sie nicht mehr zu meinem Thema gehören.

Informed consent und ärztlicher Heilauftrag

Adolf Laufs

Die Direktion des Instituts für Deutsches, Europäisches und Internationales Medizinrecht, Gesundheitsrecht und Bioethik der Universitäten Heidelberg und Mannheim hat es freundlicherweise für angezeigt gehalten, eine vortrefflich besetzte Vortragsreihe, vornehmlich deren Abschluß durch ein Symposium, in einen Zusammenhang mit meiner Emeritierung zu rücken. Dafür danke ich den Verantwortlichen, den verdienstvollen wissenschaftlichen Referenten und allen Teilnehmern verbindlich. Die Veranstalter haben mir großzügigerweise erlaubt, das Schlußreferat zu halten und dabei ein Element manchen Vortrages der Reihe aufzunehmen: den informed consent, außerdem über die Humangenetik hinausgreifende aktuelle Herausforderungen dieses Grundprinzips zu besprechen, wobei Kontroversen nicht vermieden bleiben können.

Zuerst sei mir eine knappe persönliche Notiz gestattet. Vor dreiunddreißig Jahren begann ich meine Laufbahn als Zivilrechtslehrer mit einem akademischen Vortrag über Einwilligung und Aufklärung im Arztrecht[1] – einem Thema, das damals doch eher in die Strafrechtsdogmatik zu gehören schien und bei dem die respektablen Hüter des Eigentümer-Besitzer-Verhältnisses und der condictio indebiti ein wenig die Stirn runzelten. Doch die anbrechende Konjunktur der Schadensersatzprozesse drängte der Zivilrechtswissenschaft die Fragen auf, die dann über die Jahrzehnte das Arztrecht beherrschten.

„Salus aegroti suprema lex" stand über der Pforte der damals von Professor Dr. med. Hermann Krauss regierten Freiburger chirurgischen Universitätsklinik. Dies Motto prägte die Medizin. Doch nun mußten viele Ärzte umlernen, Juristen und Mediziner dornenreiche Auseinandersetzungen um die Aufklärungspflicht gegeneinander führen und miteinander bestehen. Ich habe meine Rolle als die eines Vermittlers mit Verständnis für die ärztliche Position gesehen und erkenne heute deutlicher denn anfangs, daß meine Herkunft aus einem Arzthause diese Linie bestimmt hat, die übrigens jüngst wieder juristischen Zuspruch etwa durch Büttner

---

[1] Zur deliktsrechtlichen Problematik ärztlicher Eigenmacht, NJW 1969, 529-533 (gekürzte Fassung des Probevortrags vom 21.10.1968 vor der Rechts- und Staatwiss. Fakultät d. Univ. Freiburg). Vgl. ferner: Die Verletzung der ärztlichen Aufklärungspflicht und ihre deliktische Rechtsfolge, NJW 1974, 2025-2030.

in der Festschrift Geiß erfuhr[2]. Auch der Respekt vor den Heilberufen wie überhaupt die Vorliebe für das Medizinrecht haben familiäre Ausgangspunkte: Unter meinen Vorfahren, Geschwistern, eigenen Kindern und weiteren Verwandten waren und sind zahlreiche Ärztinnen und Ärzte, deren Berufsauffassung ich hoch schätze. Mein Vater arbeitete mit vollem Einsatz als chirurgischer Belegarzt in einem kommunalen Krankenhaus und zugleich als niedergelassener praktischer Arzt und Geburtshelfer, wie das damals hieß. Das Telephon war sieben Tage in der Woche rund um die Uhr besetzt, eine Urlaubsreise gab es kaum je, in der Röntgendunkelkammer, im Labor und bei den Verrichtungen der niederen Chirurgie halfen die Söhne mit. Der Alltag stand ganz im Zeichen unbemessener, bereitwilliger und ungeteilter Hilfsbereitschaft. Vor diesem Hintergrund wollten die überlieferten schönen literarischen Bilder des Arztberufs, etwa bei Karl Jaspers[3], ohne weiteres einleuchten. Als Jurist fand ich, bei der Entwicklung des Arztrechts dürften die juristischen Bindungen nicht überspannt, die ärztliche Aufgabe: den Patienten verantwortlich zu führen, nicht verkürzt werden. Im Zuge des tiefen gesellschaftlichen Umbruchs während der sechziger Jahre veränderte sich indessen auch vieles im Verhältnis zwischen Ärzten und Krankenhäusern einerseits, Patientinnen und Patienten andererseits. Die persönliche Autonomie forderte ihr Recht, und auch dem Arztberuf mit Sympathie begegnende Juristen hatten dazuzulernen[4].

Die Herausforderungen des informed consent besaßen bei allem Ernst in den sechziger bis achtziger Jahren aber doch nicht die Dramatik, die wir in der Gegenwart auf den Gebieten der experimentellen Medizin, der Genetik und der artifiziellen Reproduktion erleben. Die in langen Jahren erarbeiteten arztrechtlichen Grundlagen gelten heute wohl fort, erfahren aber zusätzliche, ungewohnte Belastungen: Die erweiterten Möglichkeiten der Medizin führen zum fatalen und be-

---

2 Hermann Büttner, Die deliktsrechtliche Einordnung der ärztlichen Eingriffsaufklärung – ein juristischer Behandlungsfehler?, Festschrift f. Karlmann Geiß, 2000, S. 353-365. Vgl. neuerdings auch die umfassende Monographie von Brigitte Tag, Der Köperverletzungstatbestand im Spannungsfeld zwischen Patientenautonomie und Lex artis. Eine arztstrafrechtliche Untersuchung, 2000.

3 Siehe etwa: Der Arzt im technischen Zeitalter, Ausgabe 1986. „Das ärztliche Handeln steht auf zwei Säulen: einerseits der naturwissenschaftlichen Erkenntnis und dem technischen Können, andererseits auf dem Ethos der Humanität. Der Arzt vergißt nie die Würde des selbstentscheidenden Kranken und den unersetzlichen Wert jedes einzelnen Menschen“ (S. 7).

4 Adolf Laufs, NJW 1976, 1122 ff.; 1977, 1082 f.; 1978, 1181; 1979, 1232 f.; 1980, 1317 f.; 1981, 1291 f.; 1982, 1321 f.; 1983, 1349 f.; 1984, 1388 f.; 1985, 1366; 1986, 1520; 1987, 1454; 1988, 1505 f.; 1989, 1527 f.; 1990, 1507 ff.; 1991, 1523 ff.; 1992, 1533 f.; 1993, 1501 ff.; 1994, 1566 f.; 1995, 1598; 1996, 1577 f.; 1997, 1613 ff.; 1998, 1755 f.; 1999, 1765 f.; 2000, 1760 f.

drängenden Widerstreit zwischen Menschenrettung und Menschennutzung[5] und zur Notwendigkeit einer Harmonisierung der gegensätzlichen Positionen.

In der wegweisenden Berliner Rede des Bundespräsidenten Johannes Rau vom 18. Mai 2001 stehen die folgenden Sätze[6]: „Autonomie, Selbstbestimmung und Selbstverantwortung des einzelnen gehören spätestens seit der Aufklärung zu den großen Errungenschaften unserer Zivilisation. Die Entscheidungsfreiheit des einzelnen hat herausragende Bedeutung. Das darf uns den Blick nicht dafür verstellen, daß auch Selbstbestimmung an Voraussetzungen gebunden ist und daß sie Grenzen hat". Diese ebenso grundlegende wie zutreffende Auskunft gilt uneingeschränkt für das Handeln des Arztes im Dienste seiner Patienten. Wenn der ärztliche Eingriff beruflich legitim sein und vor dem Recht bestehen soll, bedarf er der Einwilligung des aufgeklärten Patienten. Aber der informed consent, so unerläßlich er ist, genügt nicht. Zuerst erfordert der ärztliche Eingriff eine Indikation, das heißt: der berufliche Heilauftrag muß die vorgesehene Maßnahme umfassen und gebieten[7]. Die Frage nach den Voraussetzungen einer gültigen Einwilligung nach Aufklärung sind wie diejenigen nach den erlaubten Inhalten medizinischer Indikation durchaus solche der Allgemeinheit und damit des Rechts[8], also längst nicht mehr allein solche der Ärzteschaft oder von Patientengruppen.

Der Begriff „informed consent" hat sich seit den fünfziger Jahren auch in Deutschland eingebürgert. Aus amerikanischer Sicht beginnt seine Geschichte mit dem Code of Nuremberg des Jahres 1947. Dieser Kodex zu medizinischen Experimenten entstand im Zusammenhang mit der Ahndung nationalsozialistischer Ärzte-Verbrechen an Häftlingen[9]. Der Code beginnt mit wahrhaft ehernen Sätzen: „The voluntary consent of the human subject is absolutely essential. This means that the person involved should have legal capacity to give consent; should be so situated as to be able to exercise free power of choice ... and should have sufficient knowledge and comprehension of the elements of the subject matter involved as to enable him to make an understanding and enlightened decision". Die Geschichte des Rechtsinstituts der Einwilligung nach Aufklärung reicht indessen über das moderne Recht der Neulandmedizin hinaus, weiter zurück auch als die preußischen Ministerialerlasse von 1900 und 1931 zur medizinischen Forschung an Menschen. Eberhard Schmidt hat in seinem noch immer lesenswerten Juristen-

---

5 Eduard Picker, Menschenrettung durch Menschennutzung?, JZ 2000, 693-705 u. 2001, 345 f. (Schlußwort zur Diskussion mit Michael Wunder, JZ 2001, 344 f.).

6 FAZ Nr. 116 v. 19.5.2001, S. 45.

7 Adolf Laufs, Der ärztliche Heilauftrag aus juristischer Sicht, 1989.

8 Hans-Ludwig Schreiber, Notwendigkeit und Grenzen rechtlicher Kontrolle der Medizin, 1984.

9 Angelika Ebbinghaus u. Klaus Dörner (Hrsg.), Vernichten und Heilen. Der Nürnberger Ärzteprozeß und seine Folgen, 2001. Der Text des Code of Nuremberg etwa bei Dieter Giesen, International Medical Malpractice Law, 1988, S. 727.

tagsgutachten 1962 die Entwicklung der richterlichen Spruchpraxis seit 1894 nachgezeichnet[10].

Die ethischen wie die rechtlichen Diskussionen um den informed consent in den USA und in Deutschland stellen sich überhaupt und aus historischen Gründen kulturell unterschiedlich eingefärbt dar, wie Knut Amelung gezeigt hat[11]: Deutsches Rechts- und Verfassungsdenken nimmt seinen Ausgang bei der Menschenwürde, amerikanisches bei der Bürgerfreiheit. Ein Deutscher denkt bei dem Begriff Autonomie wohl zuerst an Kant, ein Amerikaner eher an John Stuart Mill. Deutsche argumentieren gern prinzipiell, um logische Stringenz bemüht, systematisch, Amerikaner mit Vorliebe utilitaristisch, topisch, pragmatisch. „Und wo ein durch die nationalsozialistische <Medizin ohne Menschlichkeit> traumatisierter Deutscher gegen medizinische Forschungsvorhaben Bedenken äußert, da vertraut ein Amerikaner im Zweifel noch immer unerschüttert auf die Verbesserung der conditio humana durch medizinische Wissenschaft und Technik". Beide Denkweisen haben ihre Vorzüge und ihre Kehrseiten; wer eine universalistische Einwilligungsethik erstrebt, wird beide Ansätze achten und zusammenzuführen suchen.

Nach dem Behandlungsvertrag soll der Arzt den Patienten als selbstverantwortlichen Partner im Respekt vor dessen persönlichen Rechten annehmen, um ihm Rat und Hilfe zu geben. Zur Behandlung bedarf der Arzt der Einwilligung des Patienten. Der Einwilligung hat grundsätzlich die erforderliche Aufklärung im persönlichen Gespräch vorauszugehen[12]. Der Arzt schuldet seinem Patienten – keineswegs Kunden - nicht nur eine fachgerechte Diagnostik und Therapie, sondern auch eine angemessene Kommunikation darüber: im Wege der sprechenden Medizin, wie sie Claus B. Bartram in seinem Beitrag[13] vertritt, zugleich schonend, wie Ursula Wolf wohlbegründet mahnt[14]. Die wachsende Zahl ärztlicher Optionen und Wahlmöglichkeiten, auch der Alternativen des Verzichts führt zu einer Individualisierung der Medizin, die ihrerseits eine verstärkte kommunikative Kompetenz verlangt.

Die Patientenautonomie hat ihr Fundament im Grundgesetz. Das Erfordernis der Einwilligung zu diagnostischen, vorbeugenden und heilenden Eingriffen folgt aus den Verfassungsprinzipien, die zu Achtung und Schutz der Würde und der Freiheit

---

10 Verhandlungen d. 44. Deutschen Juristentages Hannover 1962, Bd. I (Gutachten) 4. Teil: Empfiehlt es sich, daß der Gesetzgeber die Fragen der ärztlichen Aufklärungspflicht regelt?

11 MedR 2000, 520 f.

12 Vgl. Adolf Laufs, in: ders. u. Wilhelm Uhlenbruck, Handbuch des Arztrechts, 3. Aufl. 2002, Kap. 11. Über die Einwilligung des Verletzten im Strafrecht zuletzt Knut Amelung und Frieder Eymann, JuS 2001, 937-946.

13 In diesem Band, S. 93.

14 In diesem Band, S. 115.

des Menschen und seines Rechts auf Leben und körperliche Unversehrtheit verpflichten: aus Art. 1 Abs. 1 und Art. 2 Abs. 1 und Abs. 2 S. 1 GG. Der Gesetzgeber hat Einwilligung und Aufklärung im allgemeinen nicht geregelt. Das Kastrationsgesetz, das Arzneimittelgesetz, das Transfusions- und das Transplantationsgesetz freilich bieten spezielle Vorschriften, und das Berufsrecht hält wenigstens Generalklauseln bereit: „Jede medizinische Behandlung hat unter Wahrung der Menschenwürde und unter Achtung der Persönlichkeit, des Willens und der Rechte des Patienten, insbesondere des Selbstbestimmungsrechts, zu erfolgen", so bestimmt § 7 Abs. 1 der Musterberufsordnung von 1997[15].

„Le droit, c'est l'autonomie de l'être humain", so Charles Beudant[16] in seiner Idée moderne du droit. Im Zeichen der medizintechnischen Entwicklung hat der Persönlichkeitsschutz stark an Bedeutung gewonnen, vor dem Hintergrund von Behandlungsalternativen und iatrogenen Gefahren insbesondere der informed consent. Auch ungewöhnliche Entscheidungen defektfreier Nonkonformisten sind von der Rechtsordnung zu respektieren[17]. Zur personalen Autonomie gehört auch das Recht auf Nichtwissen[18], nämlich darauf, auf konkrete medizinische Aufschlüsse zu verzichten, ein Recht, über das der Arzt seine Schutzbefohlenen zu belehren hat. Während die Sicherungsaufklärung eine therapeutisch gebotene Verhaltensinstruktion zur Gefahrenabwehr und zur Gewährleistung des Behandlungserfolges zum Gegenstand hat, bildet die Eingriffs- oder Risikoaufklärung die Voraussetzung einer wirksamen und damit rechtfertigenden Einwilligung in den vorgeschlagenen ärztlichen Eingriff. Die richterliche Spruchpraxis hat die Aufklärungspflicht in diesem Sinne sehr angespannt, auch hinsichtlich des Zeitpunktes. Dabei besteht über die Grundzüge Einigkeit. Die Zeiten wohltätiger Illusionierung sind längst vorbei. Theodor Storm und Thomas Mann, die beiden berühmten Patienten, könnten heutzutage kaum mehr Destinatäre wohltuender, das Lebenswerk fördernder Beschwichtigung werden, wie sie es einst wurden[19]

Über Inhalt und Ausmaß dessen, was der Arzt dem Patienten spontan, also ungefragt, rechtzeitig vor und bei Diagnose und Therapie mitzuteilen habe, über die Hinweispflichten hinsichtlich der behandlungsinternen wie der behandlungsexternen Umstände, geht der Diskurs weiter, weniger vehement, doch unablässig den medizinischen Entwicklungen, wie etwa der intraoperativen Schnellschnitt-Untersuchung, folgend.

Die Organisationsaufklärung soll den Patienten dazu befähigen, eine informierte Entscheidung über die Qualität seiner Behandlung zu treffen – eine Folge aus der

---

15 NJW 1997, 3077.

16 Le droit individuel et l'état, 3. Aufl. 1920.

17 Knut Amelung, Einwilligungsfähigkeit und Rationalität, JR 1999, 45, 47.

18 Jochen Taupitz, Festschrift f. Günther Wiese, 1998, S. 583-602.

19 Die Nachweise bei Adolf Laufs, vorst. Note 12, Rdnr. 8.

qualitativ zunehmend gestuften Medizin. Dienst- und Arbeitgeber von Ärzten werden ihren organisations- und aufsichtsrechtlichen Pflichten regelmäßig genügen, wenn sie auf Empfehlungen über Art, Umfang und Inhalt ärztlicher Aufklärung hinweisen oder solche auch ziel- und praxisorientiert für den jeweiligen eigenen Zuständigkeitsbereich selbst formulieren.

Den Arzt kann auch eine Pflicht zur Aufklärung über wirtschaftliche Bewandtnisse der Behandlung treffen. Erkennt er Zweifel des Versicherers an der medizinischen Notwendigkeit, so verletzt er seine Vertragspflicht, wenn er seinen Patienten behandelt, ohne ihn auf die Bedenken und das daraus folgende Kostenrisiko hinzuweisen. Der Kostendruck kann den zu individueller und fachgerechter Aufklärung verpflichteten Arzt in ein Dilemma stürzen: „Erstens wird seine ärztliche Leistung nicht angemessen honoriert und zweitens setzt er sich und seinen Patienten einer belastenden Situation aus, wenn er über medizinische Maßnahmen informiert, die aus ökonomischen Gründen nicht durchgeführt werden“[20]. Eine empirische Studie ergab: „In der klinischen Praxis dominiert das Bestreben, ökonomische Motive hinter medizinischen Begründungen zu verschweigen“[21].

Der Arzt hat den Patienten, dem ein diagnostisches oder therapeutisches Verfahren aus Kapazitätsgründen nicht zugute kommt, über diesen Umstand aufzuklären, wenn die alternativ oder zusätzlich in Betracht zu ziehende Methode andernorts oder nach einer vertretbaren Wartezeit für den Kranken erreichbar scheint.

Neben diesen aktuellen Teilfragen haben sich neuerdings wieder prinzipielle Probleme aufgetan. Kritiker fragen, ob das informed-consent-Paradigma bei jugendlichen Patienten zu eng und unzulänglich sei, anderen aber will es im Blick vornehmlich auf psychisch Kranke als zu weitreichend, zu unnachgiebig streng erscheinen.

a) Informed consent, ein kinderfeindliches Konzept? Beim nicht einwilligungsfähigen Patienten gelten die familienrechtlichen Regeln der Personensorge, nach denen die Eltern die Einwilligung für das Kind erteilen, wobei sie an dessen Wohl gebunden bleiben – unter dem Wächteramt des Familiengerichts. Der Einwilligungsgrundsatz setzt sich also in Form stellvertretender Einwilligung fort. Die Einwilligung kann aber, worauf Sonja Rothärmel, Gabriele Wolfslast und Jörg Michael Fegert hinwiesen[22], „im Falle der Stellvertretung ihre Doppelfunktion, welche sie im Arztrecht ausübt – Schutz der Körperintegrität einerseits und Schutz des Selbstbestimmungsrecht andererseits – schon vom An-

---

[20] Jochen Vollmann, ZME 1999, 109, 116.

[21] Ellen Kuhlmann, EthikMed 1999, 146, 147.

[22] Informed Consent, ein kinderfeindliches Konzept? Von der Benachteiligung minderjähriger Patienten durch das Informed-Consent-Konzept am Beispiel der Kinder- und Jugendpsychiatrie, MedR 1999, 293-298.

satz her nicht mehr wahrnehmen. Das liegt an dem bisher ungelösten Dilemma, daß die stellvertretende Wahrnehmung des Selbsbestimmungsrechts Fremdbestimmung bedeutet". Denn nur das Rechtsgut der körperlichen Integrität erscheint vertretungsfähig und hinreichend objektivierbar. Das Selbstbestimmungsrecht, die Autonomie sind nach ihrer höchstpersönlichen Natur nicht stellvertretungsfähig. Weil das Prinzip des informed consent mit den Eltern als Adressaten den Persönlichkeitsschutz Minderjähriger allgemein nur unvollkommen gewährleistet, haben sich mit guten Gründen die Stimmen erhoben, die eine Korrektur von Rechts wegen verlangen. Dazu gehört „ein selbständiger Anspruch auf Information, der dem Kind neben dem Aufklärungsrecht der Eltern zusteht". Ein solcher Auskunftsanspruch bedeutet „eine dem Alter, der psychischen Verfassung und der Krankheit angepaßte Information". Gute klinische Praxis sucht dieser Notwendigkeit zu genügen.

b) Die Doktrin des informed consent soll nach einem ganz anderen Vorschlag eine Modifikation im Dienste insbesondere der Patienten mit einer Demenz vom Alzheimer-Typ erfahren[23]: Das relationale Konzept zur Einwilligungsfähigkeit integriert „die meist konträr diskutierten medizinethischen Prinzipien, Respekt vor der Autonomie des Patienten mit der Pflicht zur Fürsorge (beneficence) und zur Schadensvermeidung (nonmaleficence)". Die heikle Intention geht dahin, überhöhte Autonomiestandards schon bei der Feststellung der Einwilligungsfähigkeit zu vermeiden und „durch ein abgestuftes Verfahren sowohl der Selbstbestimmung als auch dem Wohl des Patienten" zu dienen. Der Psychiater und Medizinethiker Jochen Vollmann hat, beeinflußt von Erfahrungen in den USA, diesen paternalistischen Akzent gesetzt. Soll nach dem nordamerikanischen Vorbild des therapeutic privilege die Aufklärungspflicht im Patienteninteresse eine Reduktion erfahren, so wird darauf abzustellen sein, „ob die mit der Aufklärungsbeschränkung angestrebte Förderung des Gesundheitsinteresses den damit verbundenen Nachteil für das Informationsinteresse aus der Sicht des Patienten überwiegt". Aber darüber ist im deutschen Rechtskreis noch vorsichtig nachzudenken.

Stärkere Bedenken als die behutsame Moderation des Einwilligungserfordernisses im Blick auf das medizinisch Notwendige weckt ein anderer Prozeß: nämlich die Abschwächung der Indikation, des Widerlagers des informed consent, im Zeichen vordringender Patientenwünsche. Grundsätzlich bedarf der ärztliche Eingriff einer Indikation, wenn er nicht als berufs- und damit als sittenwidrig nach § 228 StGB gelten soll. Bernd-Rüdiger Kern hat in seinem Vortrag mit gutem Grund an diese Hauptregel des Arztrechts erinnert[24]. Salus et voluntas. Gewiß gibt es Sachverhalte, bei denen der Wunsch des Patienten nicht nur rechtliche, sondern auch medizi-

---

[23] Jochen Vollmann, Aufklärung und Einwilligung in der Psychiatrie. Ein Beitrag zur Ethik in der Medizin, 2000.

[24] In diesem Band, S. 17.

nische Bedeutung hat. Ein Beispiel bietet der Kaiserschnitt auf subjektiv ernsthaften Wunsch der Schwangeren. Freilich kann es nicht schlechthin im Belieben der Schwangeren stehen, ob die Geburt vaginal, vaginal chirurgisch oder mittels Sectio durchgeführt wird[25].

Auf dem Feld der artifiziellen Reproduktion[26] haben die Wünsche von Patientinnen den Vorrang gewonnen. Die Fragwürdigkeit der Indikation bringt bereits die berufsrechtliche Freistellungsklausel zum Ausdruck, indem sie bestimmt: „Ein Arzt kann nicht verpflichtet werden, an einer In-vitro-Fertilisation oder einem Embryotransfer mitzuwirken“[27]. Die schweren ärztlichen Einwände gegen die Fertilitätstechnologien, die bereits der Psychotherapeut und gynäkologische Psychosomatiker Peter Petersen 1985 als Mitglied der Benda-Kommission vorgetragen hat[28], blieben unwiderlegt. Bezeichnenderweise spielen die Nöte der Frauen, die Fehlschläge und Verluste, die beschwerlichen Folgen der künstlichen Verfahren in der öffentlichen und rechtspolitischen Diskussion nicht die ihnen gebührende Rolle, auch nicht in dem neuen gewichtigen Sammelband über: „Genmedizin und Recht“[29]. Dabei verlangt die ärztliche Indikation eine umfassende Abwägung aller Chancen und Risiken, aller Vor- und Nachteile, auch sozialer Nebenfolgen und Fernwirkungen. „Es ist Ihre Entscheidung, sagen die Ärzte, die in der Reproduktionsmedizin das Recht auf Autonomie, auf die Entscheidungsfreiheit der Patienten und Patientinnen entdeckt haben wie in kaum einem anderen Bereich“. Ärzte, so Hille Haker[30], „entziehen sich damit ihrer eigenen, berufsethischen Verantwortung“. Daß in Deutschland, im Unterschied zu vielen anderen Ländern, die gesetzlichen Krankenkassen die In-vitro-Fertilisation, auch – wie gerade entschie-

---

25 Klaus Ulsenheimer (Der Gynäkologe 2000, 882-886): „Die Wunschsectio als Ausdruck freier Selbstbestimmung und Selbstverantwortung der Patientin verstößt weder gegen die guten Sitten noch gegen Zivil-, Straf- oder Berufsrecht.“

26 Adolf Laufs, in: ders. u. Wilhelm Uhlenbruck (Hrsg.), Handbuch des Arztrechts, 3. Aufl. 2002, § 129 mit vielen Nachweisen. Zu den Perspektiven der Betreiber: Reprodkutionsmedizin 2001, 325-333.

27 MuBO 1997, D IV Nr. 15 Abs. 2, NJW 1997, 3081. Vgl. auch § 10 EschG.

28 Der Bundesminister für Forschung und Technologie (Hrsg.), In-vitro-Fertilisation, Genomanalyse und Gentherapie. Bericht der gemeinsamen Arbeitsgruppe des Bundesministers für Forschung und Technologie und des Bundesministers der Justiz, 1985 (Gentechnolodie, Chancen und Risiken Bd. 6). Das Sondervotum Petersens auf S. 55-65 (Anlage III).

29 Stefan F. Winter, Hermann Fenger u. Hans-Ludwig Schreiber (Hrsg), Genmedizin und Recht. Rahmenbedingungen und Regelungen für Forschung, Entwicklung, Klinik, Verwaltung, 2001.

30 FAZ Nr. 121 v. 26.5.2001, S. 48.

den – die intracytoplasmatische Spermieninjekton als medizinische Behandlungen bezahlen[31], mindert die ärztliche Verantwortung nicht.

Bei der in mehrfacher Hinsicht gefährlichen Präimplantationsdiagnostik[32] übernehmen die Ärzte und Ärztinnen selbst eine hohe Verantwortung: Sie eröffnen den Zugang zu der Behandlungsprozedur unter Ausschluß psychotherapeutischer Konzepte. Sie führen die Hormonstimulation der Frau und den Eingriff zur Gewinnung der Eizellen, ferner die Fertilisierung durch, sie biopsieren die Embryonen, selektieren sie und transferieren eine Auswahl nach genetischen Kriterien. Das Verfahren dient dem Ziel, den Wunsch eines Paares nach einem gesunden Kind zu erfüllen. Es geht also nicht um die Einlösung subjektiver Rechte. Die Ärzte können und dürfen den Erfolg keinesfalls zusagen. Die internationale Statistik[33] belegt eine nur geringe Erfolgswahrscheinlichkeit der assistierten Fortpflanzung in Verbindung mit Präimplantationsdiagnostik. Weiter zeigt sich: Weder die Pränataldiagnostik noch Schwangerschaftsabbrüche lassen sich in entscheidendem Ausmaß vermeiden. Außerdem liegt das Risiko einer Mehrlingsschwangerschaft erheblich höher als bei spontanen Graviditäten. Auch die Möglichkeit neonataler Komplikationen ist deutlich gesteigert. Nicht zuletzt weist die Statistik einen erschreckend hohen Verlust von Embryonen, also von Menschenleben äußerster Jugend, aus. Bei der Präimplantationsdiagnostik verwirft oder tötet der Arzt Embryonen nicht, um aus einem Konflikt von Rechten herauszuhelfen wie beim Schwangerschaftsabbruch. Mittels seiner medizinischen Technik führt er die Eltern erst in den Konflikt, das Dilemma hinein.

Wie Embryonen verbrauchende Stammzellenforschung wirft Präimplantationsdiagnostik die schwerwiegende Frage auf, ob sie die Würde des Menschen verlet-

---

31 BSG, B 1 KR 17/00R; B 1 KR 22/00R; B 1 KR 40/00R (2001). Zu den genetischen Risiken von ICSI H. Aboulgar et al., Fertil Steril 2001 Aug.; 76, 249-253.

32 Aus der reichen Literatur: Marcus Düwell u. Dietmar Mieth (Hrsg.), Ethik in der Humangenetik. Die neueren Entwicklungen der genetischen Frühdiagnostik aus ethischer Perspektive, 1998; Regine Kollek, Präimplantationsdiagnostik: Embryonenselektion, weibliche Autonomie und Recht, 2000; Elisabeth Giwer, Rechtsfragen der Präimplantationsdiagnostik, 2001; Christian Geyer (Hrsg.), Biopolitik. Die Positionen, 2001; Rainer Beckmann, Rechtsfragen der Präimplantationsdiagnostik, MedR 2001, 169-177; Friedhelm Hufen, Präimplantationsdiagnostik aus verfassungsrechtlicher Sicht, MedR 2001, 440-451; Kurt Faßbender, Präimplantationsdiagnostik und Grundgesetz, NJW 2001, 2745-2753; Felix Herzog, Präimplantationsdiagnostik – im Zweifel für ein Verbot?, ZRP 2001, 393-397; Adolf Laufs, Fortpflanzungsmedizin und Menschenwürde, NJW 2000, 2716-2718; ders., Fortpflanzungsmedizin und Arztrecht, 1992.

33 ESHRE Preimplantation Genetic Diagnosis (PGD) Consortium: data collection II (May 2000), Human Reproduction vol. 15 no. 12, pp 2673-2683, 2000. Hille Haker, FAZ Nr. 121 v. 26.5.2001, S. 48.

ze[34]. Artikel 1 Absatz 1 des Grundgesetzes konstituiert mit dem Gebot auf Achtung und Schutz der Würde des Menschen das oberste Verfassungsprinzip, „das, keiner Abwägung mit noch so beachtlichen Rechtsgütern zugänglich, das staatliche Handeln bindet und die Rechtsordnung zwingt, Beeinträchtigungen von anderer Seite entgegenzuwirken"[35]. Wer die Verfassungsnorm ernst nimmt, wird den Begriff der Würde des Menschen vorsichtig und zurückhaltend gebrauchen. Er wird bedenken, daß auch das volksgewählte Parlament an den Inhalt des ersten Verfassungsartikels gebunden bleibt, über dessen Reichweite zuletzt das Bundesverfassungsgericht zu entscheiden hat. Nach Günter Dürigs viel zitierter und noch immer anerkannter Formel ist die Würde des Menschen getroffen, wenn der konkrete Mensch zum Objekt, zum bloßen Mittel, zur vertretbaren Größe herabgewürdigt wird. Die Würde des Menschen verbietet es, ihn ausschließlich als Mittel den Zwecken anderer Menschen zu unterwerfen. Im Kern geht es um den von Kant aufgewiesenen Selbstzweckcharakter des Menschen. Die Würde des Menschen ist unantastbar und damit utilitären Abwägungen und Nützlichkeitserwägungen schlechterdings entzogen. Auch die nicht unter Gesetzesvorbehalt stehende Forschungsfreiheit (Art. 5 Abs. 3 GG) findet ihre Grenze an Art. 1 Abs. 1 GG. Noch so hochrangige Forschungsinteressen können eine Verletzung der Würde des Menschen nicht aufwiegen.

Der Rechtsbegriff der Würde des Menschen erschließt sich durch die Bewertung eines Geschehens als Verletzungsvorgang. „Wir brauchen die Bedrohung des Menschenbildes, um uns im Erschrecken davor eines wahren Menschenbildes zu versichern"[36]. Der Rückgriff auf die oberste Verfassungsnorm ist angemessen und geboten, wenn Probleme anstehen, die – im Zeichen der neuen Möglichkeiten von Biomedizin und Humangenetik – den Beginn und das Ende menschlichen Lebens zum Inhalt haben. Dabei zeigt sich die Angewiesenheit des Rechts auf sittliche Grundlagen.

Im Brennpunkt der juristischen Debatte steht der rechtliche Status des Embryos. Ist bereits der frühe Embryo mit der Fertilisation, das heißt mit der Kernverschmelzung, die das einzigartige Genom des neuen Lebens festlegt, Mensch im Sinne des Artikels 1? Nimmt also bereits die Zygote als funktionelle, sich selbst organisierende und differenzierende Einheit voll am Schutz der Würde des Menschen teil oder genießt frühes extrakorporales menschliches Leben, wie manche Stimmen im Fluß des bioethischen Diskurses es wollen, nur einen abgestuften, in seiner Intensität entwicklungsabhängigen Schutz?

---

[34] Grundlegend Peter Häberle, Das Menschenbild im Verfassungsstaat, 2. Aufl. 2001; Ernst-Wolfgang Böckenförde, Vom Wandel des Menschenbildes im Recht, 2001.

[35] Ernst Benda, Verständigungsversuche über die Würde des Menschen, NJW 2001, 2147.

[36] Hans Jonas, von dem hier zitiert sei: Technik, Medien und Ethik. Praxis des Prinzips Verantwortung, 1987. Das Zitat aus: Das Prinzip Verantwortung. Versuch einer Ethik für die technologische Zivilisation, 1984, S. 63.

In grundlegenden Entscheidungen hat das Bundesverfassungsgericht das Thema aufgenommen und entschieden[37]: „Bei dem Ungeborenen handelt es sich um individuelles, in seiner genetischen Identität und damit in seiner Einmaligkeit und Unverwechselbarkeit bereits festgelegtes, nicht mehr teilbares Leben, das im Prozeß des Wachsens und Sich-Entfaltens sich nicht erst zum Menschen, sondern als Mensch entwickelt. Wie immer die verschiedenen Phasen des vorgeburtlichen Lebensprozesses unter biologischen, philosophischen, auch theologischen Gesichtspunkten gedeutet werden mögen und in der Geschichte beurteilt worden sind, es handelt sich jedenfalls um unabdingbare Stufen der Entwicklung eines individuellen Menschseins. Wo menschliches Leben existiert, kommt ihm Menschenwürde zu".

Aus den Erkenntnissen des Bundesverfassungsgerichts läßt sich kaum ableiten, daß der Schutz der Würde des Menschen erst mit der Nidation beginne. Zwar fielen die Entscheidungen der beiden Senate im Zusammenhang mit der Problematik des Schwangerschaftsabbruchs. Doch lassen sich die Grundgedanken des höchsten Gerichts auf die Beurteilung der Lage des Embryos vom Zeitpunkt der Befruchtung an übertragen, wenngleich darüber Streit besteht. Warum auch sollte der in vitro erzeugte Embryo, der Zugriffen leichter ausgesetzt ist als der sich im Mutterleib entwickelnde, weniger Schutz verdienen?

Das BVerfG hat in seinen Entscheidungen zum Schwangerschaftsabbruch das Gebot, menschliches Leben zu schützen, durchaus nicht preisgegeben, vielmehr die nach der Einschätzung des Gesetzgebers wirksamste Methode hierzu verfassungsrechtlich gebilligt. Die dafür stehende vereinfachende Formel „rechtswidrig, aber nicht strafbar", ist kein Freibrief.

Die Anerkennung der Menschenwürde des Lebens in vitro liegt auch dem Embryonenschutzgesetz zugrunde. Dieses Strafgesetz verbietet die Erzeugung von Embryonen zu Forschungszwecken und die Forschung an Embryonen. Als Embryo im Sinne des Gesetzes „gilt bereits die befruchtete, entwicklungsfähige menschliche Eizelle vom Zeitpunkt der Kernverschmelzung an, ferner jede einem Embryo entnommene totipotente Zelle, die sich bei Vorliegen der dafür erforderlichen weiteren Voraussetzung zu teilen und zu einem Individuum zu entwickeln vermag"[38]. Der Schutz des vorgeburtlichen Lebens folgt in Deutschland einer langen Rechtstradition. So bestimmte das Allgemeine Landrecht für die Preußischen Staaten von 1794:[39] „Die allgemeinen Rechte der Menschheit gebühren auch den noch ungebornen Kindern, schon von der Zeit ihrer Empfängniß". An diesen Satz hat das Bundesverfassungsgericht ausdrücklich erinnert. Der Gedanke des Men-

---

[37] BVerfGE 39,1 = NJW 1975, 573; BVerfGE 88, 203 = NJW 1993, 1753.

[38] § 8 Abs. 1 ESchG (1990); dazu der Kommentar v. Rolf Keller, Hans-Ludwig Günther u. Peter Kaiser, 1992.

[39] ALR I 2 § 10.

schenrechts bedeutet, daß der Mensch nicht kraft bestimmter Eigenschaften als kooptiertes Mitglied in die Gesellschaft eintritt, sondern aus eigenem Recht. Die Zugehörigkeit des Embryos zur menschlichen Gattung genügt, ihn „in den politischen Taburaum der Menschenwürde zu stellen"(Mark Siemons): Dieser Dezisionismus ist eine Entscheidung, keine zu treffen, nämlich auf kasuistische Distinktionen zu verzichten und so die Unantastbarkeit zu gewährleisten.

Die therapeutische Finalität der Verwendung vermag den Zugriff auf solche Embryonen nicht zu rechtfertigen, die bei In-vitro-Fertilisationen in der frauenärztlichen Klinik und Praxis übrig bleiben, weil es nicht zu der vorgesehenen Übertragung vom Glase auf die Mutter kommt. Gegen den wissenschaftlichen Verbrauch sprechen pragmatisch-prozedurale Gründe. Keine verantwortliche Stelle besitzt verläßliche Informationen über Anzahl, Ort und weitere Verwendung der in Deutschland artifiziell erzeugten Embryonen. Eine zuverlässige Kontrolle läßt sich schwer vorstellen. Vor allem begegnet der wissenschaftliche Verbrauch „überzähliger" Embryonen grundsätzlichen Einwänden: „Todesnähe macht aus den Betroffenen keine Leichname, und Chancenlosigkeit für ein Weiterleben eröffnet nicht die Möglichkeit des lebenszerstörenden Zugriffs"[40]. Auch der Import embryonalen Zellmaterials mit Pluripotenz begegnet verfassungsrechtlichen Bedenken. Der Schutz der Würde des Menschen gebietet entgegen anderen Stimmen jedenfalls dann ein Importverbot, wenn mit der Einfuhr ein kollusives, also etwa ein geschäftliches, Zusammenwirken aus dem Inland bei der Erzeugung einhergeht[41].

Verfechter einer Lockerung des Embryonenschutzgesetzes weisen auf den Widerspruch hin zwischen dem noch geltenden strengen und wirksamen Schutz des in vitro erzeugten Lebens einerseits und dem viel weniger ausgeprägten des Fötus im Mutterleib andererseits. Dabei berücksichtigen sie nicht die nachdrückliche, freilich bisher uneingelöste Forderung des Bundesverfassungsgerichts, die Effektivität des Rechts des Schwangerschaftsabbruchs nach angemessener Beobachtungszeit zu überprüfen und wenn nötig zu verbessern. Gewiß besteht zwischen den Regeln zum Schwangerschaftsabbruch und denen zur In-vitro-Fertilisation ein Zusammenhang, gerade auch verfassungsrechtlicher Art. Das Bundesverfassungsgericht hat die Verpflichtung zum Schutz des ungeborenen Lebens im Mutterleib unmittelbar aus Art. 1 Abs. 1 des Grundgesetzes entnommen und sie keineswegs zur

---

40 Wolfram Höfling, FAZ Nr. 157 v. 10.7.2000, S. 8.

41 Die Enquete-Kommission des Deutschen Bundestages zu „Recht und Ethik der modernen Medizin" hat sich mit ganz überwiegender Mehrheit grundsätzlich gegen den Import von ES-Zellen nach Deutschland ausgesprochen; FAZ Nr. 265 v. 14.11.2001, S. 49. Zum Import embryonaler Stammzellen vgl. Bundestagsdrucksachen 14/8101-8103 v. 29.1.2002. Im Februar 2002 wurde eingebracht der Entwurf eines Gesetzes zur Sicherstellung des Embryonenschutzes im Zusammenhang mit Einfuhr und Verwendung menschlicher embryonaler Stammzellen (Stammzellengestz-SZG).

Disposition gestellt, sondern eine Lösung des Problems, die das Strafrecht zurücknahm, und statt dessen einem Pflichtberatungssystem folgte, gelten lassen, weil dieser Kurs dem Gesetzgeber als wirksamster erschien. Die Zurücknahme des Strafrechts in Verbindung mit einem Beratungs- und Hilfesystem sollte den Lebensschutz nicht abschwächen, sondern vielmehr stärken. Die Notwendigkeit einer Reform auf diesem Feld, etwa im Blick auf die unvertretbaren eugenisch veranlaßten Spätabtreibungen, bildet keinen Grund dafür, den Lebensschutz an anderer Stelle aufzuweichen.

Der Indikation zur Präimplantationsdiagnostik steht nicht nur das diesem Verständnis von Artikel 1 unserer Verfassung verpflichtete Embyonenschutzgesetz, sondern auch das geltende Berufsrecht entgegen. Das für alle Ärzte geltende Gelöbnis enthält den Satz: „Ich werde jedem Menschenleben von der Empfängnis an Ehrfurcht entgegenbringen". Die Berufsordnung verpflichtet den Arzt ausdrücklich dazu, „das ungeborene Leben zu erhalten", wobei sie freilich die Gesetzesregeln zum Schwangerschaftsabbruch als Vorbehalt aufnimmt[42]. Nach allem läßt sich die Präimplantationsdiagnostik nicht als ärztlich indiziertes Verfahren qualifizieren: die Gefährdung von Leben und Gesundheit der Beteiligten spricht dagegen. Das Verlangen und die Einwilligung der Patienten nach Aufklärung allein legitimierten den Arzt also nicht, auch dann nicht, wenn zusätzliche Beratungskommissionen den Prozeß der Indikationsstellung und des informed consent begleiten sollten.

Beim experimentellen medizinischen Eingriff[43] fehlt es gleichfalls an einer ärztlichen Indikation im eigentlichen Sinne. Freilich hat die Zulässigkeit der klinischen Prüfung zur ersten objektiven Voraussetzung die ärztliche Vertretbarkeit des Verhältnisses zwischen dem Risiko für die Versuchsperson und der Bedeutung des Neulandschrittes für die Heilkunde. Aufklärung und Einwilligung bilden sodann eine starke Barriere zum Schutz der Probanden und Patienten. Es gehört zu den Aufgaben des ärztlichen Berufsstandes wie der Rechtsgemeinschaft, das Selbstbestimmungsrecht und den Schutz des Individuums gegenüber den Interessen einer vorandrängenden Wissenschaft und Industrie zu behaupten.

Obwohl ihr die völkerrechtliche Verbindlichkeit fehlt, gilt die Deklaration von Helsinki des Weltärztebundes als grundlegendes Dokument ärztlicher Berufsauffassung von den Aufgaben und Grenzen der medizinischen Forschung am Menschen. Zu den tragenden Prinzipien des Statuts gehört seit seiner Aufstellung das Erfordernis der informierten Einwilligung der Versuchsperson, die Unterscheidung zwischen therapeutischer (klinischer) und rein wissenschaftlicher (nichtklinischer) Forschung, der besondere Schutz Nichteinwilligungsfähiger und die

---

42 MuBO 1997, Gelöbnis, § 14 Abs. 1, NJW 1997, 3076 f.

43 Adolf Laufs, in: ders. u Wilhelm Uhlenbruck, Handbuch des Arztrechts, 3. Aufl. 2002, § 130; dort auch die beiden letzten Fassungen der Deklaration von Helsinki.

Pflicht des Forschers, sein wissenschaftliches Vorhaben von einer Ethikkommission vorab prüfen zu lassen.

Die Neufassung vom Oktober 2000 in Edinburgh[44], ein Kompromiß zwischen der revidierten Deklaration von Helsinki aus dem Jahr 1975 und allzu weit gehenden Reformvorschlägen der American Medical Association, hält zwar an überlieferten Grundprinzipien fest, läßt aber die Besonderheiten der klinischen Forschung nicht deutlich genug hervortreten und schwächt das Erfordernis des informed consent eher ab: Im Hinblick auf Einwilligungsunfähige hätte die Unterscheidung zwischen therapeutischer und nichttherapeutischer Forschung deutlich markiert werden sollen. Vor allem weckt Bedenken, daß die Deklaration die umstrittenen nicht-therapeutischen Experimente bei Einwilligungsunfähigen nicht ausschließt, sondern – nimmt man den Text wörtlich – erlaubt. Am Maßstab des geltenden deutschen Rechts erscheint übrigens auch die Menschenrechtskonvention des Europarates zur Biomedizin[45] in diesem Punkt nach verbreiteter Kritik noch zu schwach, also wenn es, wie Artikel 17 formuliert, um den „Schutz einwilligungsunfähiger Personen bei Forschungsvorhaben" geht.

Das Hauptproblem in der ethischen wie rechtspolitischen Debatte und in der Praxis vornehmlich der Arzneimittelprüfung wirft in der Tat die medizinische Forschung mit nichteinwilligungsfähigen Personen auf[46]. Eine anspruchsvolle Aufgabe liegt bereits in der Beurteilung der Einwilligungsfähigkeit. Fehlt diese, ist die Forschung – etwa eine kontrollierte Studie – allenfalls unter hohen objektiven Schutzkriterien zulässig. Aus ärztlicher Sicht, so etwa Hanfried Helmchen[47], bleibe unabdingbar, „dass die forschungsbedingte Instrumentalisierung des Patienten durch den Respekt vor der Würde des Patienten begrenzt wird, weiterhin die Forschung mit nicht mehr als minimalen Risiken und vernachlässigbaren Belastungen für die teilnehmende Person verbunden ist und deren Ablehnung durch den Patienten akzeptiert wird". Die Frage nach der Erlaubtheit des Einschlusses Nichteinwilligungsfähiger kann sich je nach dem wissenschaftlichen Design des Projekts in verschiedenen Varianten stellen. Vertretbar erscheint eine randomisierte, also mit

---

44 Jochen Taupitz, Die Neufassung der Deklaration von Helsinki des Weltärztebundes vom Oktober 2000, MedR 2001, 277-286.

45 Albin Eser (Hrsg.), Biomedizin und Menschenrechte. Die Menschenrechtskonvention des Europarates zur Biomedizin; Dokumentation und Kommentare, 1999. Vgl. dazu auch den Kommentar d. Verf. NJW 1997, 776 f. u. NJW 2000, 1764. – Kürzlich hat der Lenkungsausschuß für Bioethik des Europarates den Entwurf eines Zusatzprotokolls über biomedizinische Forschung nebst einem Erläuternden Bericht zur öffentlichen Diskussion in den Mitgliedstaaten freigegeben (englische und deutsche Texte über das BMJ).

46 Die umfangreiche Literatur im Handbuch des Arztrechts, wie Fn. 43.

47 Forschung mit nicht-einwilligungsfähigen Demenzkranken. Ein aktuelles Problem im Lichte der deutschen Geschichte, Jb. f. Wiss. u. Ethik 4, 1999, S. 127-142, 141.

Zufallseinteilungen operierende Studie, bei der sich die Nutzen-Risiko-Relation in beiden Armen, also in der Versuchs- wie in der Vergleichsgruppe, äquivalent darstellt, der Prüfarzt darum die eine wie die andere Methode gleichermaßen verantworten kann. Doch muß die Gedankenarbeit dazu, zu der ganzen Problematik und damit nicht zuletzt auch zur klinischen Prüfung von Arzneimitteln mit Kindern weitergehen. Zu diesem letzten Punkt, der zur Zeit eine Arbeitsgruppe der Zentralen Ethikkommission bei der Bundesärztekammer (ZEKO) beschäftigt, noch einige Gedanken[48].

Die Forschung mit Menschen begrenzen auch die allgemeinen einfachen Gesetze des Zivil- und Strafrechts zum Schutz der individuellen Selbstbestimmung und der körperlichen Integrität, wobei dem informed consent wie dem Recht auf Leben und leibliche Unversehrtheit nach Art. 2 Abs. 2 S. 1 GG Verfassungsrang zukommt. Nicht zuletzt zieht das Berufsrecht dem forschenden Arzt Grenzen, wobei es durch die Bezugnahme auf die Maßgaben des Weltärztebundes den Anschluß zu den internationalen Standards hält. Auch diese befinden sich im Fluß, wie das Ringen um die Revision der Deklaration von Helsinki zeigte.

Mittels der Vorschriften der geltenden Regelwerke lassen sich leider nicht alle wesentlichen Fragen, welche die Neulandmedizin aufwirft, mit der erforderlichen juristischen Sicherheit bescheiden. Ein heißes Eisen stellt die medizinische Forschung mit Einwilligungsunfähigen dar, ein besonderes Problem die Forschung mit Kindern. Die aktuelle Notwendigkeit hat der Pädiater Hannsjörg Seyberth in der Maxime zusammengefaßt: es gelte die Arzneimittelsicherheit in der Pädiatrie durch klinische Studien zu verbessern[49]. Darum hat der 102. Deutsche Ärztetag den Gesetzgeber aufgefordert, „bessere Möglichkeiten der klinischen Prüfung von Arzneimitteln an Kindern zu schaffen“[50].

Einigkeit unter Ärzten für Kinderheilkunde und klinischen Pharmakologen besteht darüber, daß die systematische Qualitätssicherung der pädiatrischen Arzneimittel-Therapie durch klinische Studien in Deutschland nicht im notwendigen Maße erfolgt. Die Pharmakotherapie stützt sich vielfach auf wissenschaftlich ungesicherte Daten. Oft fehlen die erforderlichen kinderspezifischen Dosierungsschemata, Wirksamkeits- und Sicherheitsdaten. Nach einer aktuellen Dokumentation in fünf europäischen Ländern ist bis heute nicht einmal die Hälfte der für die Therapie auf einer pädiatrischen Allgemeinstation benötigten Arzneimittel für Kinder zugelassen. Der Mißstand führt dazu, daß jungen Patienten im Unterschied zu

---

48 Die Aktualität des Themas unterstreicht das internationale Symposium „Arzneimittelentwicklung für Kinder“ der AGAH im Januar 2002 zu Garmisch-Partenkirchen.

49 Arzneimittelsicherheit in der Pädiatrie verbessern: Die Pharmakotherapie bei Kindern stützt sich in weiten Teilen auf Daten, die nicht durch klinische Studien gesichert sind, DÄBl 2000, A 1877-1880.

50 Vgl. die Nachweise d. Verf. NJW 2000, 1767.

erwachsenen Kranken je und je notwendige Therapien vorenthalten bleiben oder daß Kinder durch ungeprüfte Behandlungen in Gefahr geraten. Auch gilt es, überflüssige weil wiederholende Versuche zu verhindern.

Einen der Gründe für den Mißstand bildet die Rechtsunsicherheit, die auch die Arbeit der Ethik-Kommissionen erschwert und behindert. Selbst das AMG gibt nur zweifelhafte oder unzulängliche Antworten auf die Fragen nach den rechtlichen Voraussetzungen und zulässigen Inhalten vornehmlich der kontrollierten Studien mit Kindern und der therapiebegleitenden Untersuchungen von Kindern. Es stellt sich die Aufgabe, gewissenhaft abgewogene ethische wie rechtliche Schutzkriterien zugunsten von Kindern zu entwickeln sowohl für Studien wie zur Qualitätssicherung der Arzneimittel-Therapie im Alltag: Die Regeln müssen gewährleisten, daß der Arzt Kinder weder in Studien unvertretbar stark belastet, noch im Alltag unnötig durch eine prinzipiell risikoreiche (weil empirische) Behandlung gefährdet. Regeln, die diesem Ziel auf differenzierende Weise entsprechen, wären dann zu einem in das AMG und das MPG eingepaßten Gesetzesvorschlag zu verdichten.

Das Humanexperiment, also der im Dienst des Erkenntnisfortschritts erfolgende medizinische Neulandschritt, verlangt - neben anderen Voraussetzungen - die Einwilligung des zuvor umfassend aufgeklärten und uneingeschränkt einwilligungsfähigen Probanden (Prinzip des informed consent). Medizinische Versuche mit einwilligungsunfähigen Kindern, die diesen keinen unmittelbaren, individuellen Nutzen versprechen, sind grundsätzlich rechtlich unzulässig (grundgesetzliches Instrumentalisierungsverbot, Art. 1 und 2 GG). Der experimentellen, also im wissenschaftlichen Interesse erfolgenden klinischen Prüfung eines Arzneimittels bei einwilligungsunfähigen Menschen steht § 40 AMG entgegen. Zulässig, ja oft geboten hingegen ist der individuelle Heilversuch, wenn ihn der Zustand des konkreten Patienten nach ärztlichem Urteil als angezeigt erscheinen läßt. Dabei tritt das Prinzip des informed consent im Interesse ärztlicher Hilfe für einen einwilligungsunfähigen Kranken zurück. Diesem Grundgedanken folgt § 41 AMG: Die klinische Prüfung bei Kranken darf nur erfolgen, " wenn die Anwendung des zu prüfenden Arzneimittels nach den Erkenntnissen der medizinischen Wissenschaft angezeigt ist, um das Leben des Kranken zu retten, seine Gesundheit wieder herzustellen oder sein Leiden zu erleichtern. Die klinische Prüfung darf auch bei einer Person, die geschäftsunfähig oder in der Geschäftsfähigkeit beschränkt ist, durchgeführt werden".

Eine Sondervorschrift für die Arzneimittelerprobung an Minderjährigen enthält § 40 Abs. IV AMG, freilich mit engen Grenzen. Das Gesetz erlaubt nur die Erprobung von Diagnostika und Prophylaktika. Sodann gilt das wichtige Subsidiaritätsprinzip: Soweit die Prüfung am Volljährigen die gleichen Ergebnisse verspricht, bleibt ein Eingriff in das Selbstbestimmungsrecht des Minderjährigen unter allen Umständen verboten. Die Subsidiaritätsmaxime gebietet darüber hinaus, klinische

Prüfungen so weit es geht mit Minderjährigen durchzuführen, die der Volljährigkeit möglichst nahegekommen sind. Unklar und umstritten blieb das weitere einschränkende Merkmal der Angezeigtheit: Nach § 40 Abs. IV Nr. 2 AMG muß die Anwendung des zu prüfenden Arzneimittels "nach den Erkenntnissen der medizinischen Wissenschaft angezeigt sein, um bei dem Minderjährigen Krankheiten zu erkennen oder ihn vor Krankheiten zu schützen". Wenn das Gesetz damit nach fast einhelliger Ansicht klinische Prüfungen diagnostischer und prophylaktischer Arzneimittel auch mit gesunden Minderjährigen zuläßt, so fragt sich, ob für jeden Versuchsteilnehmer ein persönlicher Vorteil zu erwarten sein muß dadurch, daß jeder durch das neue Arzneimittel vor einer Krankheit eigens Schutz erfährt oder sich eine Krankheit früher diagnostizieren läßt. Bei der Prüfung von Impfstoffen, einem Hauptfall der Gesetzesregel, ließe sich aber die Grenze zwischen echter medizinischer Indikation und bloß eventuell vorbeugendem Schutz schwer ziehen. Gegen das Erfordernis einer echten Indikation spricht vor allem der gesetzessystematische Ort der Bestimmung, nämlich in § 40, nicht in § 41 AMG. Außerdem vertrüge sich die Erforderlichkeit der Indikation nicht mit dem Subsidiaritätsgedanken: § 40 Abs. IV Nr. 3 läßt die klinische Prüfung mit Minderjährigen nur dann zu, wenn eine solche mit Erwachsenen nach den Erkenntnissen der medizinischen Wissenschaft keine ausreichenden Prüfergebnisse erwarten läßt. Ließe man, so zutreffend Uwe Fröhlich in seiner Monographie über Rechtsprobleme biomedizinischer Forschung mit nicht einwilligungsfähigen Personen[51], beim Minderjährigen generell nur solche Versuche zu, die auch medizinisch indiziert sind, müßte man die Zulässigkeit solcher Neulandschritte nicht zusätzlich davon abhängig machen, daß entsprechende Untersuchungen am Erwachsenen nicht möglich sind. Dies verstieße gegen die Pflicht des Arztes, ein neuartiges Arzneimittel oder eine therapeutische Methode beim nichteinwilligungsfähigen Patienten anzuwenden, wenn ein solcher Schritt im konkreten Fall indiziert ist.

Die skizzierte – freilich kontroverse - Interpretation des § 40 Abs. IV hat auch rechtspolitische Bedeutung: Sie zeigt den (gesunden) Minderjährigen in einem gesetzlichen, wenngleich eng begrenzten Probandenstatus, in einer Rolle also, die das Recht zwar grundsätzlich, indessen eben nicht schlechthin ausschließt, sondern nach dem Prinzip der Güter- oder Interessenabwägung unter bestimmten strengen Voraussetzungen zuläßt.

Gleichsam zwischen den Polen Humanexperiment einerseits und Heilversuch andererseits, zwischen § 40 AMG und § 41 AMG, liegen die kontrollierten Therapie-Studien mit Prüf- und Kontrollgruppen regelmäßig nach Randomisation (Zufallsverteilung), oft unter Einsatz von Placebo-Zubereitungen. Die allein dem Erkenntnisfortschritt dienende Randomisation bringt erwachsene wie kindliche Patienten insofern in die Rolle von Probanden: Sie erhalten nach dem Zufallsprinzip, nicht nach individueller Verordnung, eine von zwei Behandlungen, von denen

---

[51] Forschung wider Willen?, 1999.

sich erst im nachhinein die eine oder die andere (oder keine) als die nach Wirksamkeit und Verträglichkeit vorzugswürdige erweist. Daran ändert auch nichts die intensive ärztliche Fürsorge zugunsten aller Patienten, auch derjenigen in der Kontrollgruppe. Das geltende Recht steht der Randomisation Einwilligungsunfähiger entgegen. De lege lata vertretbar erscheint sie unter Beachtung weiterer Schutzkriterien, wie insbesondere des Subsidiaritätsgedankens, dann, wenn das Verhältnis zwischen Vorteil und Risiko in beiden Armen des Studiendesigns, also in der Versuchs- wie in der Vergleichsgruppe, gleichwertig erscheint. Im Rahmen der durch die Art. 1 und 2 GG gezogenen Grenzen könnte der Gesetzgeber wohl de lege ferenda im Dienste der Bekämpfung von Kinderkrankheiten kontrollierte klinische Studien auch mit Kindern zulassen, wobei er sich für den unabdingbaren Mindestschutz an den Maßgaben orientieren könnte, die sich in der Stellungnahme der ZEKO "Zum Schutz nicht einwilligungsfähiger Personen in der medizinischen Forschung" finden[52]. Auch die durchaus damit verwandten Regeln der Menschenrechtskonvention des Europarates zur Biomedizin, insbesondere Art. 17 bieten Anhaltspunkte.

Ähnlich liegen die Dinge bei therapiebegleitenden Studien, etwa Blutabnahmen für pharmakokinetische Untersuchungen im Rahmen einer Arzneimittel-Behandlung von Kindern, ohne daß die Ergebnisse im Sinn eines therapeutischen Drug Monitoring einen unmittelbaren Einfluß auf die Medikation hätten. Auch bei klinischen Sachverhalten dieser Art gerät das einwilligungsunfähige Kind als Patient in den Probandenstatus. Das Gleiche, Auferlegung des Probandenstatus, gilt für die Diagnostikforschung im Labor, die Normwerte von Kindern mit anderen Krankheiten oder von gesunden Kindern erhebt.

Das Kriterium des Gruppennutzens, das die europäische Menschenrechtskonvention aufstellt, beansprucht Geltung insbesondere auch bei den therapiebegleitenden Studien. Auch die weitere, dem Schutz Einwilligungsunfähiger dienende konventionelle Beschränkung von Forschungen, die „für die Gesundheit der betroffenen Person nicht von unmittelbarem Nutzen sind“, auf Eingriffe mit nur minimalem Risiko und minimaler Belastung wird hier Anwendung finden müssen. Diese unbestimmten Rechtsbegriffe bedürfen gewiß der Auslegung und Konkretisierung - eine keineswegs neuartige Aufgabe, die mittels Regelbeispielen ohne Gefahr für Rechtssicherheit und Patientenschutz aber zu lösen ist, wobei die englischen und amerikanischen Erfahrungen hilfreich sein können[53]. Bei der Bestimmung von Risiko- und Belastungsstufen bildet der Grad der Invasivität nur ein Kriterium. Auch nichtinvasive Maßnahmen können sehr beängstigen und belasten;

---

52 DÄBl 1997, A 1011 f.

53 Claudia Wiesemann. Die ethische Bewertung fremdnütziger Forschung in der Kinder- und Jugendmedizin, in: Urban Wiesing, Alfred Simon u. Dietrich v. Engelhardt (Hrsg.), Ethik in der medizinischen Forschung, 2000 (Jb Medizinethik Bd. 13), S. 71-81.

sie können auch – man denke an die genetische Analyse – tief in die Persönlichkeit hineinreichen und schicksalsschwere Fragen aufwerfen.

Im übrigen gelten die Schutzvorschriften des AMG; insbesondere bedarf es der Einwilligung des durch einen Arzt über Wesen, Bedeutung und Tragweite der klinischen Prüfung aufgeklärten gesetzlichen Vertreters, in der Regel also beider Eltern. Selbstverständlich bedarf es der Ethik-Kommission.

Aber bei aller Bedachtnahme auf strenge Schutzkriterien bleibt die Grundfrage, ob in engen Grenzen fremdnützige Forschung an nicht einwilligungsfähigen Menschen unter Einschränkung des Herzstücks des Nürnberger Kodex, des informed consent, erlaubt sein und wie sie rechtlich legitimiert werden soll. Zur Debatte steht eine durch den Gesetzgeber einzuführende Sozialpflichtigkeit, die dann freilich – wie Eduard Picker zu Recht verlangt[54] – als eine allgemeine Jedermanns-Pflicht auch für Einwilligungsfähige gelten müsste. Eine solche Sozialpflichtigkeit stellte jedenfalls keinen Fremdkörper in der Rechtsordnung dar. In einzelnen Fällen auferlegt das geltende Recht im Interesse Dritter dem Bürger die Hinnahme physischer Interventionen etwa nach § 81c StPO oder auch § 372a ZPO. Gilt es nicht anzuerkennen, „daß der Einzelne gerade auch dann, wenn man ihn als Selbstzweck bewertet und deshalb als Endzweck jeder sozialen Ordnung begreift, doch immer auch in und von der Gesellschaft als seiner Sozialbasis lebt?“ Aber schüfe die dem Gleichheitssatz genügende Jedermanns-Pflicht nicht ein neues Forscherprivileg, außerdem eine neue Ungleichheit zwischen „geeigneten“ und „ungeeigneten“ Versuchspersonen, deren Status im einzelnen die medizinischen Experten bestimmten? Sollen diese in Zukunft, insbesondere auf dem Felde der genetischen Medizin, darüber Aufschluß geben, wer sich für bestimmte Versuche eignet und wer nicht? Vor allem: wird sich die Sozialpflichtigkeit angesichts immer attraktiverer Ziele der Wissenschaft eng begrenzt halten lassen und wird sie nicht am Ende vornehmlich die intellektuell Schwächsten belasten? Und wird über die ärztliche Dokumentations- und Aufklärungspflicht der einwilligungsfähige Patient sich nicht selbst und leichter als der einwilligungsunfähige von der Sozialpflicht befreien können? Es bleiben also Aporien.

Bedenken weckt auch, wer die Lehre von der Sozialadäquanz bemühte, um etwa den forschenden Arzt als rechtlich legitimiert auszuweisen, der im Interesse des Erkenntnisfortschritts eigenmächtig eine Urin- oder Blutprobe entnimmt, wenn sie die greifbare Chance im Kampf gegen schlimmste Leiden eröffnet. Die größte Schwäche dieser Lehre, die Albin Eser soeben für einen anderen Zusammenhang belebt hat[55], liegt in ihrer Unbestimmtheit und begrifflichen Unschärfe. Der

---

[54] JZ 2001, 345 f.

[55] „Sozialadäquanz“: eine überflüssige oder unverzichtbare Rechtsfigur? Überlegungen anhand sozialüblicher Vorteilsgewährungen, in: Festschrift Claus Roxin, 2001, S. 199-212.

BGH[56] bestimmt sozialadäquates Verhalten als das „übliche, von der Allgemeinheit gebilligte und daher in strafrechtlicher Hinsicht im sozialen Leben gänzlich unverdächtige, weil im Rahmen der sozialen Handlungsfreiheit liegende“ Verhalten. Die Sozialadäquanz sei ein Prinzip, das nicht nur für das Strafrecht, sondern für die ganze Rechtsordnung gelte. In der Literatur finden sich die Kriterien des allgemein Üblichen, geschichtlich Gewordenen und sozialethisch Gebilligten, auch der Gedanke, daß die bloße Gebräuchlichkeit eines Verhaltens nicht genüge, vielmehr die Vorstellung der relevanten Mehrheit der Gemeinschaft hinzukommen müsse, daß das geübte Verhalten im Interesse des sozialen Zusammenlebens notwendig und richtig sei. Der vehemente Streit um die einschlägigen Bestimmungen der Menschenrechtskonvention des Europarates läßt es derzeit nicht geraten erscheinen, den Weg über die Lehre von der Sozialadäquanz zu empfehlen. Dafür fehlt es an einer überzeugend breiten Bereitschaft im Publikum.

Auch ein Zurückgreifen auf den hypothetischen Willen des Patienten, also dessen mutmaßlichen Willen führt kaum weiter. Dieser kommt erst in Betracht, wenn ein wirklicher Wille sich nicht feststellen läßt. Das Rechtsinstitut der mutmaßlichen Einwilligung dient nach seinem Ursprung der Rechtfertigung von Eingriffen, die dem Einwilligungsunfähigen selbst zugute kommen. Jedenfalls darf der Nutzen dem Interesse des Betroffenen nicht ernstlich widerstreiten[57]. Bei fremdnützigen Inanspruchnahmen wird sich ein hypothetischer altruistischer Wille nur schwer feststellen lassen. Auf eine auch nur milde Selbstlosigkeit wird der Arzt bei kleineren Kindern jedenfalls nicht schließen dürfen.

Am Ende wird doch der individuelle Nutzen ein Prüfstein bleiben müssen. In den Fällen, in denen eine medizinische Maßnahme keinen unmittelbaren individuellen gesundheitlichen Nutzen erstrebt und erwarten läßt, sondern der forschende Arzt einen Erkenntnisgewinn im Interesse anderer Menschen, gegenwärtiger oder zukünftiger Kranker, verfolgt, handelt es sich um ein Humanexperiment, dem prinzipiell kein einwilligungsunfähiges Kind unterworfen werden darf. Dies gilt auch dann, wenn ein individueller gesundheitlicher Nutzen, ein mittelbarer Vorteil, in der Zukunft als möglich erscheint. Anders zu beurteilen wäre ein medizinischer Vorgang, bei dem das Erkenntnisstreben hinter dem Plan zurücktritt, einen aktuellen oder auch erst künftigen, individuellen gesundheitlichen Vorteil zu erreichen. Der Heilversuch läßt sich auch im Dienst der Vorsorge denken.

Mit Belastungen oder Risiken verbundene wissenschaftliche Untersuchungen, die indizierte diagnostische oder therapeutische Verfahren begleiten, ohne selbst unmittelbaren individuellen Nutzen zu bringen, erfordern grundsätzlich den informed consent, sind also bei einwilligungsunfähigen Kindern prinzipiell von Rechts

---

56 BGHSt 23, 226, 228.

57 Vgl. Kristian Kühl, in: Karl Lackner u. Kristian Kühl, StGB mit Erklärungen, 24. Aufl. 2001, Rdnr. 19 ff. vor § 32.

wegen ausgeschlossen. Dies gilt auch für wissenschaftliche Untersuchungen an gesunden Kindern. Rechtfertigen lassen sich solche Forschungen allenfalls, wenn sie pädiatrisch nicht nur als sinnvoll, sondern als notwendig erscheinen und dem kindlichen Individuum nach ärztlichem Urteil im Einzelfall nach sorgfältigen Ein- und Ausschlußkriterien unbedenklich zugemutet werden können, weil der Eingriff nur ein – nach strengstem Verständnis - minimales Risiko und eine minimale Belastung mit sich bringt.

Bei der kontrollierten Studie werden alle eingeschlossenen Kinder umfassend versorgt, freilich im wissenschaftlichen Interesse nach dem Zufall in Gruppen eingeteilt, in denen die Bilanz nach dem jeweiligen Verhältnis von Vorteil und Gefahr, Wirksamkeit und Belastung, aber keinen wesentlichen Unterschied erwarten lassen darf. Es muß also das eine – eingeführte – wie das andere – neue – Verfahren ärztlich verantwortbar sein in dem Sinne, daß nach gewissenhaftem medizinischen prognostischen Urteil keine Gruppe einen wesentlichen Nachteil im Vergleich zur anderen erfahren, vielmehr jede ihre Chance haben werde.

Geboten erscheint eine Novelle zum AMG, die den begleitenden wie den kontrollierten Studien auch mit Kindern in dem bezeichneten begrenzten Rahmen verfassungskonformen Raum gibt und damit für Rechtsklarheit sorgt. Den Anlaß für eine solche Novelle bietet die neue Richtlinie 2001/20/EG des europäischen Parlaments und des Rates vom 4. April 2001 zur Angleichung der Rechts- und Verwaltungsvorschriften der Mitgliedstaaten über die Anwendung der guten klinischen Praxis bei der Durchführung von klinischen Prüfungen mit Humanarzneimitteln[58]. Im Mittelpunkt der Richtlinie steht der Schutz von Prüfungsteilnehmern, wobei die Minderjährigen in dem Regelwerk ihrer Eigenheit gemäß zu Recht als besondere Gruppe erscheinen[59]. Die Richtlinie zwingt den deutschen Gesetzgeber keineswegs dazu, die hohen Schutzbarrieren des Arzneimittelgesetzes abzusenken[60].Aber im Zeichen der überaus behutsam unentbehrlicher Forschung Raum gebenden Richtlinie wird er doch den § 40 Abs. 4 AMG zu überdenken haben.

---

58 Amtsbl. d. Europ. Gemeinschaften v. 1.5.2001, L 121/34 – L 121/44, DE. Dazu Erwin Deutsch, NJW 2001, 3361-3366.

59 Art. 4: Minderjährige als Prüfungsteilnehmer.

60 Vgl. Art. 3 Abs. 1.

Schlußwort
Dem Medizinrechtler Adolf Laufs zur Emeritierung

Peter-Christian Müller-Graff

Sehr verehrter, lieber Herr Laufs,
meine Damen und Herren,

das Schlußwort zu einem Symposium zu sprechen, an dessen Anfang man wegen einer Festschriftübergabe nicht teilnehmen konnte, ist eine eher ungewöhnliche Aufgabe – und sie wird noch dadurch ins schier Unbewältigbare gesteigert, am Ende eines Symposiums aus Anlaß der Emeritierung eines fachlich und persönlich höchst geschätzten Kollegen zu sprechen, dessen weitaus größte Zeit im Amt man selbst nicht erlebt hat.

I.

Immerhin läßt sich auch ohne anfängliche Teilnahme am heutigen Tag doch über das *Thema* der medizinrechtlichen Probleme der Humangenetik zunächst ein Bogen in die eigene Biographie des ersten Semesters schlagen, das ein medizinisches war, in dem mit DNS und RNS, Cytosin und Guanin, Adenin und Thymin (oder Uracil) den Zellen auf den Grund zu gehen war und in dem die humangenetischen Vorlesungen oder Vorlesungsteile bei Schuchardt und Becker in Göttingen die Verheißung einer unergründet weiten Forschungslandschaft enthielten. Denn damals wurde eine Forschungslandschaft entworfen, die nunmehr heute, der Hypothese von der steten Ausdehnung des Universums gleich, in immer neue Richtungen zu weisen scheint, bisherige Einsichtsgrenzen als überwindbar zeigt, aber auch von der Frage nach Grenzen des verantwortbaren Tuns wie von einem Schatten begleitet wird. Denn erneut sind wieder zu thematisieren: nicht allein Fragen der naturtheoretischen Einsicht, sondern zugleich auch Fragen deren zeitgenössischer Verarbeitung; nicht allein die Entwicklung technologischer Fertigkeiten, sondern zugleich die Ziele deren Einsatzes; nicht allein das Können, sondern zugleich auch das Dürfen; nicht allein Kausalitäten, sondern zugleich auch Normen.

Der archetypische Mythos des Prometheus, aber auch das Menetekel seines Schicksals – an den Fels gekettet, tagtäglich neu gequält und erst von Herakles befreit –, kehrt wieder in den unscheinbaren weißen, grünen und blauen Kitteln moderner Laboratorien und in den Marktanteilstrategien global aufgestellter Unternehmen der Lebensindustrien. Vor kurzem hat der sensible Schriftsteller und scharfäugige Gesellschaftsbeobachter *Hans Magnus Enzensberger* einen Zeitumschwung in eine Phase manischen Denkens und Verhaltens diagnostiziert und darin zugleich alle Motive des utopischen Denkens erkannt: den Gedanken des Siegs über sämtliche Mängel und Nöte der Spezies, über die Dummheit, den Schmerz und den Tod. Er prophezeit kostenträchtige Ernüchterung infolge mühevoller Einsicht in die eigenen Grenzen. Das mag literarisch dramatisiert sein.

II.

Aber auch der dafür empfängliche juristische Normwissenschaftler – und das bringt vom Thema zur Person – kann diese Entwicklung nicht ohne innere Anteilnahme verfolgen. Und doch vermag er vielleicht die Entwicklung ruhiger zu betrachten als der Literat. Naturwissenschaften, Unternehmensstrategien und politische Prioritäten der Trias „Heilung, Arbeitsplatz und Standort" mögen sich dynamisch und visionär entwickeln, wie es ihnen gemäß ist. Rechtsgelehrte wissen, daß solche Bewegungen unausweichlich in das strukturell wiederkehrende Netzwerk der sozialen und ethischen Konflikte geraten: in Fragen des Dürfens, der Bedingungen und der Sanktionen.

Indes scheint mittlerweile doch eine neue Dimension des Medizinrechts erreicht. Und sie ist nicht nur vom Sprung der Humangenetik ausgelöst. Der Emeritus, der mit diesem Symposium geehrt und gefeiert wird, ist mit seinem medizinrechtlichen Erkenntnisinteresse in eine Zeitphase hineingeraten, die er selbst in der Millennium-Festschrift unserer Fakultät „die große Transformation" nennt und die er gekennzeichnet sieht von großflächigen Umschwüngen; genauer: von sprunghaften qualitativen Fortschritten der Prävention, der Diagnostik und der Therapie; von bemerkenswert weitreichenden Spezialisierungen der Heilkunst; von der quantitativ nachhaltigen Vermehrung der Ärzte; vom deutlich wahrnehmbaren Anstieg der Lebenserwartung und den damit verbundenen neuen Herausforderungen an die Geriatrie; von dem steten Anwachsen der Kosten der Gesundheitsdienstleistungen. Es ist eine große Transformation, die er begleitet sieht von einem Wertewandel im Grundkonsens in Gestalt von Individualisierung und Pluralität von Lebensweisen, aber auch von der Ökonomisierung des Gesundheitswesens mit Investitionen, mit Wettbewerb um Gesundheitsmarktanteile und mit Ausweitung des Leistungsbildes, des weiteren von der Anonymisierung und Kommerzialisierung des Arzt-Patienten-Verhältnisses, von der Befrachtung des Arztes mit der ihm zugemuteten Rolle eines Verteilungsfunktionärs in der Daseinsvorsorge und eines Unternehmers, schließlich auch von der Juridifizierung des Arzt-Patienten-Verhältnisses. Fürwahr auch aus dieser Sicht ist es ein dramatisches Szenarium. Aber inmitten dieser Wirbel geht es doch unverändert um Leid und Heilung des

Einzelnen, oft um Leben und Tod, manchmal um Mensch-Werden oder Nicht-Sein, immer wieder aber auch um Recht und Ethik.

Werk und Persönlichkeit von *Adolf Laufs* mahnen hier zu Besonnenheit und zum rechten Maß. Sein für die arztrechtliche Normordnung in Deutschland maßstabsetzendes Werk belegt, daß die Spannung zwischen medizinischer Entwicklung und ethisch-rechtlicher Bewältigung schon immer herausforderte: so etwa die künstliche Befruchtung ebenso wie der Schwangerschaftsabbruch, die experimentelle Behandlung nicht anders als die Linderung des Leidens. Im Kern findet sich eine wiederkehrende Grundfrage: Darf man das, was man kann? Diejenigen, die sich mit dem Werk von *Adolf Laufs* befaßt oder sich ihm wenigstens genähert haben, wissen: *Adolf Laufs* hat auf diese Grundfrage seine eigenen spezifischen Antworten entwickelt – nicht von vornherein festgelegt, vielmehr offen und damit problemsensibel und darin als ein Suchender und wohl auch als ein sich Quälender im besten wissenschaftlichen Sinne. Dafür mag eine fast bang anmutende Frage von ihm stehen: „Wird eine allgemeine Theorie des evolutiven Wandels und damit die systemische Annäherung weit voneinander entfernter Wissensfelder in alle Fächer und Disziplinen eindringen und wie eine universelle Säure die herkömmlichen Bilder vom Menschen, von der Natur, von der Schöpfung zersetzen?" Aber seine Antwort beim Blick auf den Arzt ist gleichwohl fest, wenn er auffordert: „Ermutigen wir die Ärzte von Rechts wegen dazu, Beschützer des Lebens, Helfer und Tröster zu bleiben. Bewahren wir sie vor der Funktion der Todbringer."

III.

Naturgemäß nicht gewürdigt werden können im Schlußwort zu diesem Symposium die vielen anderen wissenschaftlichen und akademischen Eigenschaften und Errungenschaften des Emeritus – der Rechtshistoriker, der Zivilrechtler, der Universitätsrektor. Aber im medizinrechtlichen Werk von *Adolf Laufs* werden gerade auch all diese Züge deutlich.

1.

Denn im Medizinrechtler *Laufs* ist auch der *Rechtshistoriker* erkennbar, dem einerseits die geschichtliche Evolution und Vorformung von Normen nur allzu bewußt ist, der die von ihm so prägnant benannten Veränderungen des Gebotenen und Verbotenen nach Art der Wanderdünen im Gezeitenstrom kennt und der doch zur Suche nach entzeiteter Kontinuität aufruft, der mahnt, daß sich medizinische Ethik an ihre Hauptsätze zu erinnern hat, und der weiß, daß sich Kontinuität in unterschiedlichem Gewand verbergen kann. Die Einleitung seines erfolgreichen Buches über „Rechtsentwicklungen in Deutschland" vermittelt diese Grundspannung zwischen dem Wandel der Lebensformen und der Kontinuität, ja Konstanz der Grundfragen und Grundmuster. „Das juristische Repertoire“, schreibt *Laufs* unter Rückgriff auf Beiträge von *Mayer-Maly* und *Kreuzer* über die Wiederkehr von Rechtsfiguren, „das juristische Repertoire unserer reformerischen oder besser umstürzenden Zeit erscheint ..... so neu und unbegrenzt nicht mehr“.

2.

Zugleich ist im Medizinrechtler *Laufs* auch der *Zivilrechtler Laufs* allenthalben gegenwärtig – der Zivilrechtler, der entweder vom Arzt zum Patienten hin oder vom Patienten zum Arzt hin denkt und dadurch immer wieder den Spannungsbogen zwischen Patientenautonomie und Therapiefreiheit des Arztes thematisiert; der Zivilrechtler, für den folgerichtig das informierte Einverständnis zur Grundlage der diagnostischen und therapeutischen Beziehung zwischen Arzt und Patienten wird und der den rechtmäßigen Eingriff daneben an Indiziertheit und Verfahren lege artis bindet. Dies sind drei Elemente, die *Laufs* als „archimedische Punkte im juristischen Dickicht von Rechts- und Sozialstaat“ bezeichnet. Den Arzt begreift er denn auch konsequenterweise zivilistisch als Helfer und nicht als Herrscher; und stimmig dazu wird das Individualverhältnis in den Vordergrund gerückt und Widerstand bekundet, wenn der Mensch zum Objekt einer entgrenzten, utilitaristischen Medizin degradiert wird oder wenn der Arzt, wie jüngst vom Deutschen Ärzteblatt, zum „Unternehmer“ ausgerufen wird. Und daher plädiert *Laufs*, auch weiterhin dem Eid des *Hippokrates* den Vorrang vor allen anderen Überlegungen einzuräumen, wenn er schreibt: „Der Arzt soll das Leben schützen, seinen Patienten nicht schaden, das Wohl der Kranken voranstellen, die Menschenwürde des Kranken achten ..... und durch Kompetenz und Gewissensfähigkeit selbst vertrauenswürdig sein. Je intensiver die medizinische Ethik sich den Aufgaben zuwendet, welche die Fortschritte der Medizin ihr stellen, desto mehr wird sie diese Hauptsätze zu erinnern haben“. Und so bleibt *Laufs* auch dem ehemaligen, gleichermaßen Heidelberger Arztrechtler *Eberhard Schmidt* in dessen Appell an die Standesethik des Arztes treu.

3.

Im Medizinrechtler *Laufs* ist schließlich auch der einstige *Universitätsrektor* erkennbar, der mit magistraler Souveränität verschiedene Fachdisziplinen zusammenführt – in seinem Fall nicht allein organisatorisch, sondern vor allem auch inhaltlich: Jurisprudenz und Medizin, Geschichte und Literatur, Philosophie und – letztlich wohl auch – Theologie.

Ganz besonders intensiv scheint dabei der Bezug des Juristen *Laufs* zum Arztberuf zu sein – des Juristen, der familiär umrundet ist von Ärzten: Großvater, Vater, Schwester, Bruder, Schwägerin, Töchter, Patensohn. Wäre es ein Wunder, wenn in seiner Seele nicht auch ein ärztlicher Funken glömme? Gleichwohl, ein Jurist ist er geworden – ein Großer seines Faches – sprachmächtig und engagiert – sich einfügend in die lange Kette der Professoren, die der Heidelberger Juristenfakultät seit mehr als sechs Jahrhunderten zu nationalem und internationalem Ruhm und Ansehen verholfen haben – ein Normwissenschaftler im besten Sinne: ohne eilige Vorwegfestlegung, nachdenklich und vorausdenkend und, da es dem Rechtswissenschaftler um die richtige Normlehre des Sozialverhaltens geht, behutsam wertend und präskribierend aus dem Grund der persönlichen Überzeugung heraus. Man überzeugt andere nur von dem, woran man selber glaubt. Dies gilt gerade auch in der aktuellen Ethikdiskussion, in der letztlich das Gewicht der glaubwürdigen Persönlichkeit des Einzelnen zählt und Überzeugungskraft schafft. So scheint denn wirksame, prägende und mitziehende Normenlehre mit dem eigenen Grundkompaß zu tun zu haben – darf man es Glauben nennen?

Und so darf der Dekan heute den Satz vom Ende des letzten Wintersemesters wiederholen: *Adolf Laufs* hat sich auf seine unverwechselbare Weise um die Rechtswissenschaft und die Heidelberger Fakultät verdient gemacht. Die Fakultät dankt Ihnen dafür.

Autorenverzeichnis

- **Professor Dr. med. Claus R. Bartram**
  Direktor des Instituts für Humangenetik der Universität Heidelberg

- **Professor Dr. Matthias Herdegen**
  Institut für Öffentliches Recht der Universität Bonn

- **Professor Dr. Dr. h.c. Thomas Hillenkamp**
  Direktor des IMGB

- **Professor Dr. Bernd-Rüdiger Kern**
  Lehrstuhl für Bürgerliches Recht, Rechtsgeschichte und Arztrecht der Universität Leipzig

- **Professor Dr. Dr. h.c. Adolf Laufs**
  em. Direktor des Instituts für geschichtliche Rechtswissenschaft der Universität Heidelberg,
  em. Direktor des IMGB

- **Professor Dr. Reinhard Merkel**
  Seminar für Strafrecht und Kriminologie; Seminar für Rechtsphilosophie der Universität Hamburg

- **Professor Dr. Peter-Christian Müller-Graff**
  Dekan der Juristischen Fakultät der Universität Heidelberg

- **Professor Dr. Ursula Wolf**
  Lehrstuhl Philosophie II der Universität Mannheim

Druck: Strauss GmbH, Mörlenbach
Verarbeitung: Schäffer, Grünstadt